自動車のエクセルギー解析

― エネルギーの有効活用をはかる ―

工学博士 **雑賀　高著**

コロナ社

は　じ　め　に

エネルギーは保存される。形を変えても消えてなくなることはない。しかし，普通の感覚ではエネルギーは減っていく。化石燃料は年々減っていくから可採埋蔵量が気になるわけである。風力，太陽光，水力などの再生可能エネルギーなら再生される感じがする。とはいっても，エネルギーは消えてなくならないのだから，いくら使ってもいいのか。そういうわけにはいかず，省エネルギーや節電は重要である。

じつは消えてなくなるのはエクセルギーである。節約しなければならないのはエネルギーではなく，エクセルギーである。例えば，化石燃料の持っているエクセルギーをどういう経路を通って仕事に変換するかでエクセルギーの価値が変わってくる。その視点が重要である。

熱力学の教科書には必ずエントロピーが出てくる。熱力学第1法則はエネルギー保存則であるから，比較的わかりやすい。熱効率も理解しやすい。ところが第2法則のところで，エントロピーが出てくると途端にわからなくなる。筆者は30年以上，機械工学系学科において熱力学を教えているが，エントロピーをうまく説明できたと思ったことがない。ほとんどの学生はエントロピーという言葉は知っているけれども，どういう意味があり，どのように役立つかを知らずに卒業しているのではないか。本書のテーマであるエクセルギーは，エントロピーが実際に役立つ実例である。ぜひ，この機会にエントロピーにもう一度，挑戦していただきたい。

卒業生の多くが製造業に進み，設計開発をしている者も大勢いる。エントロピーとは関係なく，仕事をしているのかもしれない。筆者の研究室からも自動車業界に就職する学生が多い。エクセルギーを使って設計すれば，本当の意味でのエネルギーの有効利用になると，彼らをはじめとして自動車関連の技術者

に知ってもらいたくて，本書をまとめた。

　自動車は閉じた小さなエネルギープラントとして扱うことができる。動力がエンジンから電力へと変わっていくにしても，すでに自動車は機械システムだけでなく，電気・電子・情報システムなしでは成り立たなくなっている。自動車のエネルギー関連機器の最適な設計を行うためには，エクセルギーを用いて解析を行うことが必要である。

　本書は熱力学の習得を前提とはしているが，すでに遠のいている方もいるだろうから，巻末に付録として熱力学の重要事項をまとめてある。理論は実際に使えなければ意味がない。本書では基本原理を習得するために具体的な数多くの計算例を示した。これらが自動車のエネルギー関連機器の設計に役立つことになれば幸いである。

　2018 年 3 月

雑　賀　　高

本書で用いるおもな記号

　本書で用いる記号を整理してある。数値が大きい場合には，単位に k（キロ）や M（メガ）などの単位の接頭語を使用している。これ以外の記号は本文に記載する。

AF ：空　燃　比〔—〕

c_p ：定 圧 比 熱〔J/(kg·K)〕

c_v ：定 容 比 熱〔J/(kg·K)〕

E ：エクセルギー〔J〕

e ：比エクセルギー〔J/kg〕

G ：ギブスエネルギー
　　（Gibbs energy）〔J〕

g ：重力加速度〔m/s^2〕

H ：エンタルピー〔J〕

h ：比エンタルピー〔J/kg〕

I ：不 可 逆 性
　　（消滅エクセルギー）〔J〕

i ：物質 1 kg 当りの不可逆性〔J/kg〕

m ：質　　量〔kg〕

$\dot{m}$ ：質 量 流 量〔kg/s〕

N ：エンジン回転速度〔rpm〕

P ：圧　　力〔Pa〕

Q ：熱　　量〔J〕

$\dot{Q}$ ：伝 熱 量〔J/s〕

R ：ガス定数〔J/(kg·K)〕

R_u ：一般ガス定数
　　＝8 314〔J/(kmol·K)〕

r_c ：圧　縮　比
　　（compression ratio）〔—〕

r_{off} ：締 切 り 比（cut-off ratio）〔—〕

S ：エントロピー〔J/K〕

S_G ：発生エントロピー
　　（entropy generation）〔J/K〕

s ：比エントロピー〔J/(kg·K)〕

T ：温　　度〔K〕

t ：温　　度〔℃〕

U ：内部エネルギー〔J〕

u ：比内部エネルギー〔J/kg〕
　　または速度〔m/s〕

V ：体　　積〔m^3〕

$\dot{V}$ ：体 積 流 量〔m^3/s〕

v ：比　体　積〔m^3/kg〕

W ：仕　　事〔J〕

$\dot{W}$ ：出　　力〔W＝J/s〕

w ：物質 1 kg 当りの仕事〔J/kg〕

x ：モル分率〔—〕
　　または質量燃焼割合〔—〕

z ：高　　さ〔m〕

ギリシャ文字

γ ：比熱比＝c_p/c_v
　　またはポリトロープ指数〔—〕

η_{I} ：熱力学第 1 法則効率
　　（エネルギー効率）〔—〕

η_{II} ：熱力学第 2 法則効率
　　（エクセルギー効率）〔—〕

ν ：化学量論係数〔mol〕

iv 本書で用いるおもな記号

ϕ ：等量比〔—〕

添　字

0	：dead state
fuel	：燃　料
HP	：ヒートポンプ（heat pump）
in	：入力エネルギー 　　または入力エクセルギー
irrev	：不可逆変化（irreversible change）
LHV	：低発熱量（lower heating value）
out	：出力エネルギー 　　または出力エクセルギー
P	：生成物（product）
R	：反応物（reactant）
ref	：冷凍機（refrigerator）
rev	：可逆変化（reversible change）

略　語

°CA	：クランク角度〔deg〕
BDC	：下死点（bottom dead center）
CI	：圧縮着火 　　（compression ignition）
CNG	：圧縮天然ガス 　　（compressed natural gas）
COP	：成績係数 　　（coefficient of performance）
FC	：燃料電池（fuel cell）
MBT	：最小点火進角（minimum 　　advanced for the best torque）
SI	：火花点火（spark ignition）
TDC	：上死点（top dead center）
WOT	：全開スロットル 　　（wide open throttle）

目　　　次

1.　エントロピー生成とエクセルギー

1.1　エクセルギーは仕事の最大能力 ………………………………………… *1*

  1.1.1　dead state ……………………………………………………………… *1*

  1.1.2　エクセルギー ………………………………………………………… *2*

1.2　エントロピーの導入 ……………………………………………………… *4*

  1.2.1　可逆仕事と不可逆性 ………………………………………………… *5*

  1.2.2　固体・液体のエントロピー変化 ………………………………… *10*

1.3　エントロピー生成 ………………………………………………………… *12*

  1.3.1　固体のエントロピー生成 …………………………………………… *12*

  1.3.2　気体のエントロピー生成 …………………………………………… *15*

  1.3.3　蒸気のエントロピー生成 …………………………………………… *18*

  1.3.4　伝熱によるエントロピー生成 …………………………………… *19*

2.　エクセルギーによるエネルギー評価

2.1　エネルギーの有効性の評価 ……………………………………………… *21*

  2.1.1　熱力学第 1 法則と第 2 法則 ………………………………………… *22*

  2.1.2　熱力学第 2 法則効率 ………………………………………………… *23*

2.2　理想気体の熱量と圧力のエクセルギー ………………………………… *24*

  2.2.1　温度と熱量のエクセルギー ………………………………………… *24*

  2.2.2　圧力のエクセルギー ………………………………………………… *28*

2.3　閉じた系と開いた系のエクセルギー …………………………………… *31*

2.3.1 閉じた系における内部エネルギーのエクセルギー ··············· 31

2.3.2 開いた系におけるエンタルピーのエクセルギー ··············· 33

2.4 エクセルギー収支 ·························· 35

2.4.1 物質の出入りがない閉じた系のエクセルギー収支 ··············· 35

2.4.2 熱伝達を伴うエクセルギーの移動 ··············· 40

2.5 化学反応のエクセルギー ·························· 43

2.5.1 ギブスエネルギー ·························· 43

2.5.2 標準反応ギブスエネルギー ·························· 45

2.5.3 化学反応を伴うエクセルギー収支 ·························· 46

2.5.4 ギブスエネルギー変化による電気的仕事 ··············· 49

3. プロセスのエクセルギー解析

3.1 定常流れ系のエクセルギー解析 ·························· 51

3.1.1 エネルギー収支とエクセルギー収支 ··············· 51

3.1.2 廃熱回収システムのエクセルギー解析 ··············· 54

3.2 ボイラのエクセルギー解析 ·························· 58

3.3 蒸気タービンのエクセルギー解析 ·························· 62

3.4 ガスタービンのエクセルギー解析 ·························· 66

3.5 エアコンディショナのエクセルギー解析 ·························· 70

3.5.1 冷凍サイクルおよびヒートポンプサイクルの成績係数 ··············· 71

3.5.2 冷凍機およびヒートポンプの熱力学第2法則効率 ··············· 73

3.5.3 冷凍サイクルおよびヒートポンプサイクルのエクセルギー解析 ··············· 73

3.6 燃料電池のエクセルギー解析 ·························· 76

4. エンジンシステムのエクセルギー解析

4.1 空気標準エンジンサイクル ·························· 79

4.2 4ストローク理論サイクル ·························· 81

目　　　　次　　vii

4.3　エンジンサイクルのエクセルギー解析 ･･････････････････････････ 84

　4.3.1　サイクルのエントロピー変化 ･･････････････････････････････ 85
　4.3.2　サイクルへの発熱量の供給 ･･･････････････････････････････ 85
　4.3.3　各プロセスのエクセルギー変化 ･･･････････････････････････ 87

4.4　定容サイクルのエクセルギー変化 ･･･････････････････････････ 87

　4.4.1　各行程におけるエクセルギー変化 ･･･････････････････････ 87
　4.4.2　定容サイクル全体のエクセルギー変化 ･･･････････････････ 91
　4.4.3　熱力学第1法則効率 ･････････････････････････････････････ 93

4.5　定圧サイクルのエクセルギー変化 ･･･････････････････････････ 94

4.6　火花点火エンジンサイクルのエクセルギー解析 ･･････････････ 97

　4.6.1　ポリトロープ変化過程 ････････････････････････････････････ 98
　4.6.2　燃焼過程の解析モデル ･･････････････････････････････････ 101
　4.6.3　圧縮・膨張過程の解析モデル ････････････････････････････ 102
　4.6.4　火花点火エンジンのエクセルギー変化 ･････････････････ 103
　4.6.5　水素とイソオクタンの比較 ･･･････････････････････････････ 104

4.7　過給システムのエクセルギー解析 ･･･････････････････････････ 105

　4.7.1　過　給　方　法 ･･ 105
　4.7.2　基本的な関係式 ･･･ 106
　4.7.3　圧縮機の熱力学第2法則効率 ････････････････････････････ 107
　4.7.4　タービンの熱力学第2法則効率 ･･･････････････････････････ 108

4.8　ラジエータのエクセルギー解析 ･･････････････････････････････ 111

　4.8.1　ラジエータの機能 ･･･････････････････････････････････････ 111
　4.8.2　ラジエータの伝熱特性 ･･････････････････････････････････ 111
　4.8.3　熱交換器の熱力学第2法則効率 ･･･････････････････････････ 112

5.　自動車パワートレインのエクセルギー解析

5.1　エンジンシステムのエクセルギー解析 ･･･････････････････････ 115

　5.1.1　熱力学的平衡と化学平衡 ･･･････････････････････････････ 115
　5.1.2　熱力学的エクセルギーと化学エクセルギー ･････････････ 116
　5.1.3　エンジン内エクセルギー変化の一般式 ･････････････････ 117

viii　　　目　　　　　　次

5.2　火花点火エンジンのエクセルギー解析 ················ 119

　5.2.1　エンジン速度と負荷がエクセルギーに及ぼす影響 ·········· 119

　5.2.2　圧縮天然ガスエンジンのエクセルギー解析 ·············· 120

　5.2.3　水素火花点火エンジンのエクセルギー解析 ·············· 121

　5.2.4　エタノールエンジンのエクセルギー解析 ··············· 124

5.3　ディーゼルエンジンのエクセルギー解析 ················ 125

　5.3.1　燃料噴射時期がエクセルギーに及ぼす影響 ·············· 126

　5.3.2　バイオ燃料ディーゼルエンジンのエクセルギー解析 ········· 127

5.4　燃料電池自動車のエクセルギー解析 ·················· 128

　5.4.1　エネルギー形態によるエクセルギー量 ················ 128

　5.4.2　燃料電池自動車のエクセルギー ··················· 129

5.5　アンモニア燃料自動車のエクセルギー解析 ··············· 132

　5.5.1　自動車用燃料としてのアンモニア ·················· 132

　5.5.2　アンモニア燃料電池システム ···················· 133

　5.5.3　アンモニア燃料 SI エンジンのエクセルギー解析 ··········· 135

　5.5.4　アンモニア燃料 FC システムのエクセルギー解析 ··········· 137

付録 A.　熱力学の重要事項

付 A.1　熱力学第 1 法則 ·························· 139

付 A.2　可 逆 変 化 過 程 ························· 140

付 A.3　カルノーサイクル（Carnot cycle）················ 141

付 A.4　エ ン ト ロ ピ ー ························ 142

　付 A.4.1　理想気体のエントロピー ···················· 142

　付 A.4.2　さまざまな過程におけるエントロピー変化 ············ 144

付 A.5　空気標準サイクル（air-standard cycle）············· 144

　付 A.5.1　空気標準オットーサイクル ··················· 144

　付 A.5.2　空気標準ディーゼルサイクル ················· 146

付 A.6　定常熱伝導・熱伝達 ······················ 148

付 A.7　化合物 $C_{\alpha}H_{\beta}O_{\gamma}N_{\delta}$ の標準生成エクセルギーの求め方 ······· 149

付録 B. 各種物性値表

付表 1 主要燃料の標準生成エンタルピーと
標準生成ギブスエネルギー ································ 151

付表 2 主要燃料の標準反応エンタルピーと
標準反応ギブスエネルギー ································ 152

付表 3 主要化合物の標準生成エクセルギー ······················· 152

引用・参考文献 ·· 155

索　　　引 ·· 157

1 エントロピー生成とエクセルギー

熱力学第1法則はさまざまな形態のエネルギーの保存法則である。工学の観点からは，エネルギーの量だけでなく，エネルギーの質が環境・社会にとって有効であるかどうかも考慮しなければならない。エンジニアにとって重大な懸念事項は，不可逆性が存在するときに仕事を生産する能力の損失（または必要な仕事投入量の増加）である。このためには，熱力学第2法則を用いて，不可逆性を見積もる必要がある。エントロピー生成が不可逆過程につながり，その結果としてエネルギーの質が低下する。

1.1 エクセルギーは仕事の最大能力

ある状態で**系**（system）から得ることができる最大の有効仕事を**エクセルギー**（exergy）という。その状態変化の間に行われた仕事は，初期状態，最終状態，およびプロセスの経路に依存している。仕事を最大にするためには，系は最終的に環境状態にならなければならない。

1.1.1 dead state

系がその周囲環境との間で熱力学的平衡状態にあるときに，系はこれ以上の熱力学的な変化が起こらない**デッドな状態**（dead state）にあるという。dead state で熱力学的平衡状態にある系は，その周囲の温度および圧力になっている。そのとき，その周囲に対する運動エネルギーと位置エネルギーを持っておらず，周囲（化学的に不活性）とは反応もない。これらは目の前の状況に関連している場合にも，システムとその周囲との間には磁気，電気，および表面張

力の影響もない。dead state におけるシステムの状態量を添字 0 で示すことにする。例えば，P_0，T_0，H_0，U_0，S_0 などと表記する。特に断りのない限り，dead state の温度および圧力は，$T_0 = 25℃$，$P_0 = 101.325\,\mathrm{kPa}$ と仮定する。dead state においては，システムのエクセルギーは 0 である。

エクセルギーの計算を扱う場合，基準となる dead state の選択が最も重要である。これは，環境とどのような平衡が確立されるかによって，結果としてエクセルギーの計算値が決定されるためである。

一般に，系は，温度差または圧力差によって系と環境との間に仕事の可能性が存在しないとき，いわゆる熱力学的 dead state にあると考えられる。一方，環境との化学平衡が問題となる場合，熱力学的平衡状態に加えて，系の化学ポテンシャルも環境の化学ポテンシャルと同じである dead state を考えなければならない。このような完全な dead state では，熱力学的平衡と化学平衡を同時に満たしている。

本書では，第 4 章まではおもに熱力学的 dead state を扱い，第 5 章では化学平衡状態を含んでいる完全な dead state を扱う。

1.1.2 エクセルギー

dead state（**図 1.1**）にある初期状態から可逆過程を経て，システムが可能な最大の仕事を供給する。これは，任意の状態でのシステムの有効仕事の可能

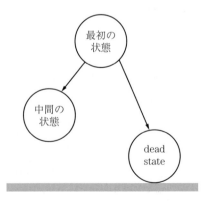

図 1.1　dead state

性を表しており，エクセルギーと呼ばれている。エクセルギーは，動力装置が稼働時に実際になす仕事の量を表すものではないことを認識することが重要である。むしろ，装置が任意の熱力学の法則に違反することなく供給することができる作業量の上限を表している。装置によって供給される実際の動力とエクセルギーとの間に大小の差がつねにある。この差はエンジニアにとって改善の可能性がまだあることを示している。

　ここで，大きな炉から熱量を供給する場合のエクセルギーについて考える。$T_H = 1\,100\,\mathrm{K}$ の一定の温度で $\dot{Q} = 3\,000\,\mathrm{kJ/s}$ の一定の熱量を供給することができる炉があり，このエネルギーのエクセルギーを求める。環境温度を 25℃ とする。

　この例では，炉は一定の温度で無限に熱を供給する熱エネルギー貯蔵庫としてモデル化することができる。この熱エネルギーのエクセルギーは，そこから取り出すことができる仕事の最大値である。これは炉と環境との間で動作する可逆熱機関の仕事量に相当する。まず，この可逆熱機関の熱効率 η_{th} を求めると（付 A.3 参照）

$$\eta_{\mathrm{th}} = 1 - \frac{T_0}{T_H} = 1 - \frac{298}{1\,100} = 0.729$$

となる。つまり，熱機関はこの炉から受け取った熱エネルギーの最大で 72.9％ を仕事に変換することができる。したがって，この炉のエクセルギー $\dot{E}$ は，つぎのように可逆熱機関によって生成される出力 $\dot{W}_{\mathrm{rev}}$ に相当する。

$$\dot{E} = \dot{W}_{\mathrm{rev}} = \eta_{\mathrm{th}}\dot{Q} = 0.729 \times 3\,000$$
$$= 2\,187\,\mathrm{kW} = 2.19\,\mathrm{MW}$$

　なお，熱として炉から伝達されたエネルギーの 27.1％ が仕事に利用できないことに注意する。仕事に変換することができないエネルギーは利用できないエネルギーである（**図 1.2**）。利用できないエネルギーは，任意の状態でのシステムの総エネルギーとそのエネルギーのエクセルギーとの間の差である。

4　　1. エントロピー生成とエクセルギー

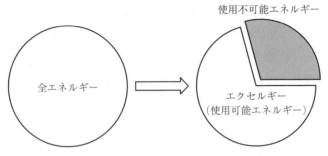

図 1.2　エネルギーの内訳

1.2　エントロピーの導入

エクセルギーは，dead state の環境を熱源として得られる最大仕事であるから，熱量 Q のエクセルギー E は，Q にカルノーサイクルの効率を掛けて

$$E = \left(1 - \frac{T_0}{T}\right)Q,$$

$$Q = E + \frac{T_0}{T}Q \tag{1.1}$$

となる。したがって，Q は有効仕事になる部分 E と，環境に放出されて利用できない部分 $(T_0/T)Q$ とからなることがわかる。

ここで，熱力学第 2 法則から導かれる**エントロピー**（entropy）（付 A.4 参照）を導入する。炉の温度 T は一定なので，熱源から引き出されるエントロピー変化 ΔS は以下のようになる。

$$\Delta S = \frac{Q}{T} \tag{1.2}$$

書き換えると

$$Q = E + Q\left(\frac{T_0}{T}\right) = E + T_0 \Delta S \tag{1.3}$$

となる。$T_0 \Delta S$ は環境に放出される熱量である。したがって，このときのエントロピー変化を時間も考慮して計算すると以下のようになる。

$$\Delta \dot{S} = \frac{\dot{Q}_{in} - \dot{E}}{T_0} = \frac{3\,000 - 2\,187}{298} = 2.73 \text{ kW/K}$$

すなわち，$\Delta \dot{S}$ だけエントロピーが増加している。したがって，利用できないエネルギーはエントロピーの増加分に関係していることがわかる。

1.2.1 可逆仕事と不可逆性

可逆仕事（reversible work）W_{rev} は，システムが初期状態と最終状態との間のプロセスを受けるようにして得ることができる有用な仕事の最大量として定義される。これは，初期状態と最終状態との間のプロセスは完全に可逆的に実行されたときに得られる出力（または入力）である。つまり，システムと周囲との間の任意の熱伝達が可逆的に行われなければならないし，プロセス中に何の不可逆性もシステム内に存在してはならない。最終状態が dead state である場合には，可逆的な仕事はエクセルギー（**図1.3**）に等しい。入力を必要とするプロセスの可逆仕事は，その処理を行うのに必要な入力の最小量を表す。

可逆仕事 W_{rev} と実際の仕事 W との差は，プロセス中に存在する**不可逆性**（irreversibility）によるものであり，この差は次式のように I で表される（**図1.4**）。

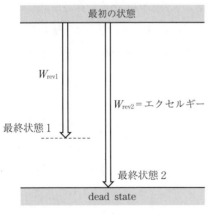

図1.3 エクセルギーの定義

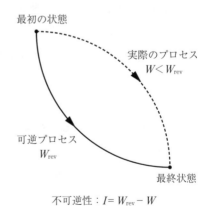

図1.4 不可逆性

6 　 1. エントロピー生成とエクセルギー

$$I = W_{\text{rev}} - W \tag{1.4}$$

完全な可逆過程では，実際の可逆仕事の項は同一であり，したがって，不可逆性は0である。完全に可逆プロセスの間に生じる不可逆性の尺度であるエントロピーが一定となる。すべての実際の不可逆プロセスでは，仕事の出力装置に対して，仕事の項が正であり，$W_{\text{rev}} > W$ であるので，不可逆性は正の値である。仕事を消費する装置に対しては投入する仕事は可逆仕事より大きくなるので，$W_{\text{rev}} < W$ であるが

$$I = W - W_{\text{rev}} \tag{1.5}$$

となり，やはり不可逆性は正の値となる。

　不可逆性は，仕事をする機会損失と見なすことができる。それは仕事に変換される可能性があるが，仕事にはならなかったエネルギーを表している。すなわち，不可逆性はエクセルギーの消滅を意味する。プロセスに関連付けられている不可逆が小さいほど，生成される仕事が大きくなる。複雑な工学システムの性能を改善するために，システム内の各コンポーネントに関連する不可逆性の主要な要因を削減する必要があり，それらを最小にするために努力しなければならない。

　そのような損失を測定する一つの方法は，しばしば「**熱力学第1法則効率**」と呼ばれる動力装置の「**断熱効率**」の概念によるものである。指定された終了状態のプロセスの結果としてシステムの（局所環境に対して）仕事能力の損失のより基本的な尺度は，実際の仕事と可逆仕事の間の差である。この差 $W_{\text{rev}} - W$ は，検査体積においてつぎのように表される。

$$\dot{W}_{\text{rev}} - \dot{W} = T_0 \dot{S}_G \geq 0 \tag{1.6}$$

ここで，$\dot{S}_G$ は**エントロピー生成**（entropy generation）である。この式は，いずれかのシステムが状態を不可逆的に変化させると，システム内のエントロピー生成に比例して，システムの仕事能力が消滅することを示し，式 (1.6) は次式のようになる。

$$\dot{W} = \dot{W}_{\text{rev}} - T_0 \dot{S}_G \tag{1.7}$$

プロセス中に失われたシステムの仕事能力の量は，プロセスの不可逆性 I と

1.2 エントロピーの導入　　7

して定義される。これは，内部の不可逆性によるエクセルギー損失の尺度である。不可逆性の存在は，実際のプロセスが同じ最終状態の間の完全可逆プロセスと比較される場合，出力の減少または入力の増加をもたらす。

式 (1.6) から，開いた系の場合の不可逆性 I は，つぎのようになる。

$$\dot{I} = \dot{W}_{\mathrm{rev}} - \dot{W} = T_0 \dot{S}_G \geq 0 \tag{1.8}$$

また，閉じた系の場合は

$$I = W_{\mathrm{rev}} - W = T_0 S_G \geq 0 \tag{1.9}$$

となり，単位質量当りの不可逆性 $i = I/m$ は，つぎのようになる。

$$i = w_{\mathrm{rev}} - w = T_0 s_G \geq 0 \tag{1.10}$$

不可逆性 I は失われた仕事としても知られている。熱や仕事のようなプロセスの不可逆性は，プロセスの経路，つまりシステムの設計と運用の問題である。エクセルギー解析のおもな目的は，プロセスの不可逆性を定量的に検出して評価することである。そのような解析は，プロセスの熱力学的改善のための範囲を示すことができる。

外部の熱源および環境を対象システムに含めると，式 (1.8) は以下のようになる。

$$\dot{I}_{\mathrm{tot}} = \dot{W}_{\mathrm{rev}} - \dot{W} = T_0(\dot{S}_G + \dot{S}_Q) \geq 0 \tag{1.11}$$

式 (1.8) および式 (1.11) の I および S は，考えている装置のみを指してもよいし，熱伝達プロセスを含むこともできる。したがって，不可逆性の概念は，検査体積のみに適用することもできるし，または他の相互作用システムを含むように拡張することもできる。

例題 1.1　熱機関の不可逆性

図 1.5 に示す熱機関は，1 200 K の熱源から 500 kJ/s の割合で熱を受けて，300 K の媒体に熱を捨てている。熱機関の動力の出力は 180 kW である。可逆出力とこのプロセスの不可逆性を求める。

解　このプロセスの可逆出力は，カルノー熱機関のような可逆熱機関が同じ温度範囲の間で動作するときに生成する出力である。これは，可逆熱機関サイクルの

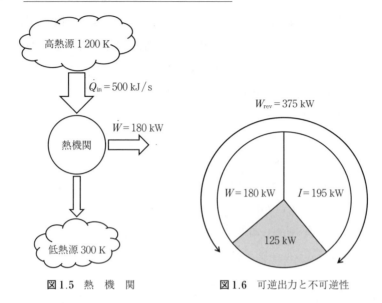

図1.5 熱機関   図1.6 可逆出力と不可逆性

熱効率の定義を用いて，設定した温度の間で動作することができる最大出力である。

不可逆性は，以下のように可逆出力と実際の出力との差である。

$I = W_{rev} - W = (375 - 180)\text{kW} = 195\text{ kW}$

図1.6に示すように，出力ポテンシャルの 195 kW は，不可逆性の結果として，このプロセスの間に浪費される。低熱源に放出された熱（500 − 375 = 125 kW）は，仕事に変換するために使用できないため，不可逆性の一部ではないことに注意する。

◆

例題1.2 鉄ブロックの放熱による不可逆性

図1.7に示す最初の温度が 200℃，500 kg の鉄ブロックは，27℃の周囲の空気に熱を伝達することにより，27℃まで冷却する。可逆仕事とこのプロセスの不可逆性を求める。鉄の平均比熱を $c_{iron} = 0.45\text{ kJ}/(\text{kg}\cdot\text{K})$ とする。

解 これは，すべての仕事の作用を伴わないプロセスのための「可逆仕事」を見つけることを求めている。この試みは，このプロセスの間に仕事を生成しない場合であっても，仕事をする可能性は依然として存在し，可逆仕事はこの熱量の定量的尺度である。

可逆仕事 W_{rev} は，つぎのように入力熱量 Q_{in} にカルノー効率を掛けて得られる。ここで，鉄ブロックの温度および環境温度をそれぞれ T，T_0 とする。

1.2 エントロピーの導入

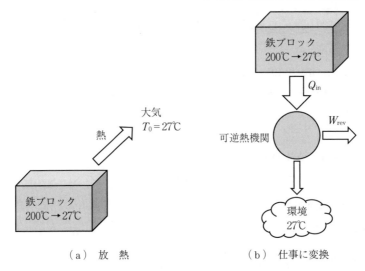

(a) 放 熱   (b) 仕事に変換

図1.7 鉄ブロックの放熱と仕事への変換

$$dW_{\mathrm{rev}} = \eta_{\mathrm{th}} dQ_{\mathrm{in}} = \left(1 - \frac{T_0}{T}\right) dQ_{\mathrm{in}}$$

上式を積分すると

$$W_{\mathrm{rev}} = \int \left(1 - \frac{T_0}{T}\right) dQ_{\mathrm{in}} \tag{1.12}$$

となり，また，熱力学第1法則から鉄ブロックの仕事 W と熱量 Q の関係は内部エネルギーを U とすると，つぎのようになる。

$$dQ - dW = dU = mc_{\mathrm{iron}} dT$$

鉄ブロックは仕事をしないので $dW = 0$ であり

$$dQ = mc_{\mathrm{iron}} dT$$

となる。鉄ブロックは冷却していくので，入力熱量は正負が逆になり

$$dQ_{\mathrm{in}} = -dQ = -mc_{\mathrm{iron}} dT$$

である。したがって，式 (1.12) を積分すると以下のように，可逆仕事 W_{rev} が求められる。

$$W_{\mathrm{rev}} = \int_{T_i}^{T_0} \left(1 - \frac{T_0}{T}\right) (-mc_{\mathrm{iron}} dT)$$
$$= mc_{\mathrm{iron}} (T_i - T_0) - mc_{\mathrm{iron}} T_0 \ln \frac{T_i}{T_0}$$

$$= 500 \text{ kg} \times 0.45 \text{ kJ}/(\text{kg}\cdot\text{K}) \times \left[(473-300)\text{K} - 300 \text{ K} \times \ln\frac{473 \text{ K}}{300 \text{ K}}\right]$$

$$= 8\,191 \text{ kJ}$$

$$I = W_{rev} - W = (8\,191 - 0)\text{kJ} = 8\,191 \text{ kJ}$$

ここで,$W=0$であり,まったく有効な仕事をしないので,このプロセスはすべて不可逆である。　　　　　　　　　　　　　　　　　　　　　　　　　　　　　　　◆

1.2.2 固体・液体のエントロピー変化

質量 m 〔kg〕の固体あるいは液体のエントロピー変化 $S_2 - S_1$ 〔J/K〕は,比熱を c 〔J/(kg·K)〕とし,物体の温度を T 〔K〕,移動した熱量の微小な変化を dQ 〔J〕とすると

$$S_2 - S_1 = \int_1^2 \frac{dQ}{T} = \int_1^2 \frac{mcdT}{T} = mc \ln \frac{T_2}{T_1} \tag{1.13}$$

となる。氷が融解するときのように温度が一定の場合は

$$S_2 - S_1 = \frac{Q_{12}}{T} \tag{1.14}$$

となる。例えば,氷の融解から沸騰までを考えてみる（図1.8）。氷の比熱を 2.03 kJ/(kg·K),氷の融解熱を 333.6 kJ/kg,水の比熱を 4.186 kJ/(kg·K),水の気化熱を 2 256.9 kJ/kg とする。過熱蒸気のエンタルピーとエントロピー

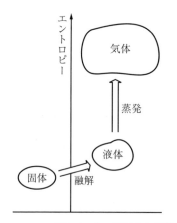

蒸　気　表		
温度〔℃〕	比エンタルピー〔kJ/kg〕	比エントロピー〔kJ/(kg·K)〕
100	2 676.2	7.361 8
200	2 875.4	7.834 9

図1.8　氷の融解から沸騰までのエントロピー変化（概念）

1.2 エントロピーの導入

は蒸気表から以下のとおりである。

（1 → 2）：氷の融解（0℃）

$q_{12} = 333.6 \text{ kJ/kg}$,

$s_2 - s_1 = \dfrac{333.6}{273.15} = 1.221 \text{ kJ}/(\text{kg} \cdot \text{K})$

（2 → 3）：水の温度上昇（0℃ → 100℃）

$q_{23} = 4.186 \times 100 = 418.6 \text{ kJ/kg}$,

$s_3 - s_2 = 4.186 \times \ln\dfrac{373.15}{273.15} = 1.306 \text{ kJ}/(\text{kg} \cdot \text{K})$

（3 → 4）：水の気化（100℃）

$q_{34} = 2256.9 \text{ kJ/kg}$,

$s_4 - s_3 = \dfrac{2256.9}{373.15} = 6.048 \text{ kJ}/(\text{kg} \cdot \text{K})$

（4 → 5）：水蒸気の加熱（100℃ → 200℃）

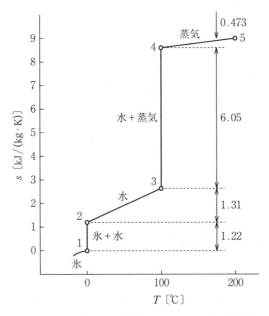

図1.9　氷の融解から沸騰までのエントロピー変化量

$q_{45} = 2\,875.4 - 2\,676.2 = 199.2\,\text{kJ/kg}$,

$s_5 - s_4 = 7.834\,9 - 7.361\,8 = 0.473\,\text{kJ/(kg·K)}$

図1.9にエントロピーの増加を示す。

1.3 エントロピー生成

1.2節で見たように，エントロピーの増加，すなわちエントロピー生成が使用できないエネルギーを生み出している。そこで，エントロピーが生成されるいくつかの例を見てみる。

1.3.1 固体のエントロピー生成

固体のエントロピー生成について，鉄ブロックと金属棒の例を考える。

例題1.3 鉄ブロックのエントロピー変化

図1.10に示すように，500 K（227℃）の鋳物鉄ブロック 50 kg が 285 K（12℃）の温度の大きな池に投げ込まれた。鉄ブロックは，最終的に湖の水と熱平衡に達する。鉄の平均比熱を $c_{\text{iron}} = 0.45\,\text{kJ/(kg·K)}$ とすると，① 鉄ブロックのエントロピー変化，② 湖水のエントロピー変化，および ③ このプロセスの総エントロピー変化を求める。

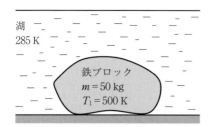

図1.10 固体のエントロピー生成

【解】 鉄ブロックと湖のエントロピー変化を決定するために，まず最終的な平衡温度を知る必要がある。湖の熱エネルギー容量は，鉄ブロックのそれに比べて非常に大きいことを考えると，湖は，その温度を変化することなく鉄ブロックによって放出されたすべての熱を吸収する。その後，湖の温度は 285 K で一定に維持しつつ，

1.3 エントロピー生成   13

鉄ブロックはこのプロセスの間に 285 K に冷却される。エントロピー変化は以下のようになる。

① すべての固体と同様に，鉄のブロックのエントロピー変化は，式 (1.13) からつぎのように決定することができる。

$$\Delta S_{\text{iron}} = m(s_2 - s_1) = mc_{\text{iron}} \ln \frac{T_2}{T_1}$$

$$= -12.65 \, \text{kJ/K}$$

② 湖水は熱エネルギーの貯蔵庫として作用し，そのエントロピー変化は，式 (1.14) から決定することができる。しかし，最初に湖への熱伝達を決定する必要がある。運動エネルギーと位置エネルギーの変化を無視して，この閉じた系のエネルギー保存方程式はつぎのようになる。

$$Q - W = \Delta U$$

ここで，鉄ブロックは仕事をしないので，熱量と内部エネルギーは等しく

$$Q_{\text{iron}} = \Delta U_{\text{iron}} = mc_{\text{iron}}(T_2 - T_1)$$

$$= -4\,837.5 \, \text{kJ}$$

となる。また，鉄ブロックの熱量はすべて湖に与えられるので，湖のエントロピー変化はつぎのようになる。

$$Q_{\text{lake}} = -Q_{\text{iron}} = 4\,837.5 \, \text{kJ},$$

$$\Delta S_{\text{lake}} = \frac{Q_{\text{lake}}}{T_{\text{lake}}} = 16.97 \, \text{kJ/K}$$

③ このプロセスの総エントロピー変化は，鉄のブロックと湖が一緒に断熱システムを形成するので，つぎに示すようにこれらの二つのエントロピーの合計になる。

$$\Delta S_{\text{total}} = \Delta S_{\text{iron}} + \Delta S_{\text{lake}} = 4.32 \, \text{kJ/K} > 0$$

総エントロピー変化の正符号は，不可逆的なプロセスであることを示している。◆

例題 1.4　金属棒のエントロピー変化

加熱された金属棒を急冷する場合を考える。0.362 9 kg の金属棒を 782.4℃ に加熱してオーブンから取り出し，**図 1.11** に示すように，21.29℃，9.071 8 kg の水が入っている密閉タンク内に挿入することによって急冷する。各物質は，非圧縮性としてモデル化することができる。水の比熱を $c_w = 4.187 \, \text{kJ/(kg·K)}$，金属の比熱を $c_m = 0.418\,7 \, \text{kJ/(kg·K)}$ とする。タンクの内容物から熱伝達を無視することができる。① 金属棒および水の最終的な平衡温度〔℃〕，および ② 生成エントロピーの量〔J/(kg·K)〕を求める。

14   1. エントロピー生成とエクセルギー

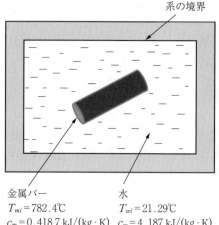

金属バー
$T_{mi} = 782.4$℃
$c_m = 0.4187$ kJ/(kg·K)
$m_m = 0.3629$ kg

水
$T_{wi} = 21.29$℃
$c_w = 4.187$ kJ/(kg·K)
$m_w = 9.0718$ kg

図 1.11　固体のエントロピー収支

[解]　加熱された金属棒は，水を含有するタンク中に挿入することによって急冷される。金属棒と水の最終平衡温度と生成エントロピーの量を決定する。以下のように仮定する。

図 1.11 に示すように，金属棒とタンク内の水は，閉じた系を形成している。熱や仕事によるエネルギー移動はまったくなく，システムは孤立している。運動エネルギーまたは位置エネルギーは変化しない。水と金属棒は，既知の比熱を持つ非圧縮性として扱う。

① 最終的な平衡温度は，エネルギー収支から求めることができる。内部エネルギーは状態量であるので，システム全体の値は水と金属の内部エネルギーの値の合計である。エネルギー収支はつぎのようになる。

$$\Delta U_{\text{water}} + \Delta U_{\text{metal}} = 0$$

それぞれの比熱から水と金属の内部エネルギー変化は以下のようになる。

$$m_w c_w (T_f - T_{wi}) + m_m c_m (T_f - T_{mi}) = 0$$

ここで，T_f は最終的な平衡温度であり，T_{wi} と T_{mi} は，それぞれ水および金属の初期温度である。T_f について解くと，つぎのようになる。

$$T_f = \frac{m_w (c_w/c_m) T_{wi} + m_m T_{mi}}{m_w (c_w/c_m) + m_m}$$

$$= \frac{9.0718 \text{ kg} \times 10 \times 294.3 \text{ K} + 0.3629 \text{ kg} \times 1055.4 \text{ K}}{9.0718 \text{ kg} \times 10 + 0.3629 \text{ kg}}$$

$$= 297.33 \text{ K}$$

1.3　エントロピー生成　　*15*

② エントロピー変化は，エントロピー収支から求めることができる。システムとその周囲との間で熱移動が発生していないので，熱移動に伴うエントロピー移動がなく，システムのエントロピー収支は，下記のように発生エントロピー S_G のみになる。

$$\Delta S = \int_1^2 \frac{\delta Q}{T} + S_G = S_G$$

エントロピーは状態量であるので，システムのエントロピー変化は水と金属のエントロピー変化の和である。エントロピー収支はつぎのようになる。

$$\Delta S_{\text{water}} + \Delta S_{\text{metal}} = S_G$$

非圧縮性物質の式 (1.13) を使用して，エントロピーを評価する。上記の式はつぎのように記述することができる。

$$S_G = m_w c_w \ln \frac{T_f}{T_{wi}} + m_m c_m \ln \frac{T_f}{T_{mi}} = 0.196\,9 \text{ kJ}/\text{K} \qquad \blacklozenge$$

1.3.2　気体のエントロピー生成

気体のエントロピー生成について，窒素と熱交換器の例を考える。

例題 1.5　**窒素のエントロピー変化**

窒素ガスは，100 kPa，17℃の初期状態から 600 kPa，57℃の最終的な状態に圧縮される。平均比熱を用いて，この圧縮中の窒素のエントロピー変化を求める。

解　付 A.4 より，気体のエントロピー変化は以下のように表せる。

$$S_2 - S_1 = m \int_1^2 \left(c_v \frac{dT}{T} + R \frac{dV}{V} \right)$$

したがって，状態量のいずれか二つが決まれば，つぎに示すようにエントロピー変化が求まる。

$$\begin{aligned}
S_2 - S_1 &= m \left(c_v \ln \frac{T_2}{T_1} + R \ln \frac{V_2}{V_1} \right) \\
&= m \left(c_p \ln \frac{T_2}{T_1} - R \ln \frac{P_2}{P_1} \right) \\
&= m \left(c_v \ln \frac{P_2}{P_1} + c_p \ln \frac{V_2}{V_1} \right)
\end{aligned} \qquad (1.15)$$

プロセスのシステムおよび T-s 線図を**図 1.12** に示す。窒素は理想気体として扱う

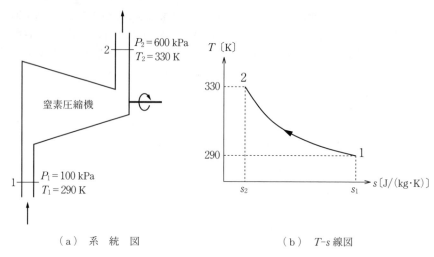

(a) 系統図　　　　　　　　(b) T-s 線図

図 1.12　気体のエントロピー生成

ことができるので,窒素の定圧比熱を 1.039 kJ/(kg·K),ガス定数を 0.296 8 kJ/(kg·K) とし,式 (1.15) に数値を代入すると,つぎのようになる。

$$s_2 - s_1 = c_p \ln \frac{T_2}{T_1} - R \ln \frac{P_2}{P_1}$$

$$= 1.039 \times \ln \frac{330}{290} - 0.296\,8 \times \ln \frac{600}{100}$$

$$= -0.397\,5 \text{ kJ}/(\text{kg·K})$$

このとき,窒素のエントロピーは減少している。　　　　　　　　　◆

例題 1.6　**熱交換器のエントロピー変化**

$t_1 = 16.0℃$ から $t_2 = 55.0℃$ まで,空気を加熱する断熱熱交換器がある (**図 1.13**)。空気の質量流量は $m_a = 1.10$ kg/s である。その圧力は,$P_1 = 103.6$ kPa から $P_2 = 100.0$ kPa で熱交換器を流れる。空気は,質量流量 $m_w = 0.467$ kg/s,入口温度 $t_{w1} = 70.0℃$ で熱交換器に流入する温水によって加熱される。温水の比熱 $c_w = 4.19$ kJ/(kg·K) は定数であり,それらの状態の変化は等圧である。両方の流体の運動エネルギーと位置エネルギーの変化は無視できる。熱交換器で発生するエントロピー生成を求める。

1.3 エントロピー生成　17

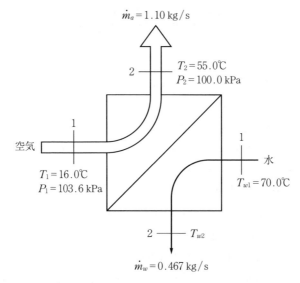

図1.13　熱交換器の系統図

[解]　熱交換器は，二つの流れにおいて熱交換を行い，外部とは断熱されている。したがって，発生エントロピーは，以下のように二つの流体のエントロピーの和になる。

空気のエントロピー変化：$\Delta \dot{S}_a = \dot{m}_a(s_{a2} - s_{a1})$
水のエントロピー変化　：$\Delta \dot{S}_w = \dot{m}_w(s_{w2} - s_{w1})$,
$$\dot{S}_G = \Delta \dot{S}_a + \Delta \dot{S}_w$$
$$= \dot{m}_a(s_{a2} - s_{a1}) + \dot{m}_w(s_{w2} - s_{w1})$$

なお，空気は定圧比熱 $c_p = 1.004 \text{ kJ}/(\text{kg}\cdot\text{K})$ 一定の理想気体として扱うことができ

$$\dot{S}_G = \dot{m}_a \left(c_p \ln \frac{T_2}{T_1} - R \ln \frac{P_2}{P_1} \right) + \dot{m}_w c_w \ln \frac{T_{w2}}{T_{w1}}$$

となる。温水から空気へ熱量とエントロピーが移動し，温水のエントロピーは減少し，温度は T_{w1} から T_{w2} に低下する。

未知の出口温度 T_{w2} を決定するために，熱力学第1法則を適用する。

空気の熱量変化：$\dot{Q}_{a12} = \dot{m}(h_2 - h_1) = \dot{m}c_p(T_2 - T_1) = 43.1 \text{ kW}$
水の熱量変化　：$\dot{Q}_{w12} = \dot{m}_w(h_{w2} - h_{w1}) = \dot{m}_w c_w(T_{w2} - T_{w1})$,
$$\dot{Q}_{a12} + \dot{Q}_{w12} = \dot{m}c_p(T_2 - T_1) + \dot{m}_w c_w(T_{w2} - T_{w1}) = 0,$$
$$t_{w2} = t_{w1} - \frac{\dot{Q}_{a12}}{\dot{m}_w c_w}$$

18   1. エントロピー生成とエクセルギー

$$= 70.0℃ - \frac{43.1 \text{ kW}}{0.467 \text{ kg/s} \times 4.19 \text{ kJ/(kg·K)}}$$
$$= 48.0℃$$

したがって，発生エントロピー $\dot{S}_G$ は以下のようになる。
$$\dot{S}_G = (0.1509 - 0.1297) \text{kW/K} = 21.2 \text{ W/K} \qquad \blacklozenge$$

1.3.3 蒸気のエントロピー生成

蒸気のエントロピー生成について，蒸気タービンの例を考える。

例題 1.7　蒸気タービンのエントロピー生成

図 1.14 に示すように，蒸気は 3.0 MPa，400℃，160 m/s の速度の圧力でタービンに入り，100℃の飽和蒸気となり 100 m/s の速度で出ていく。定常状態では，タービンは 540 kJ/kg の仕事をしている。タービンとその周囲との間の熱移動は 350 K の外表面で起こる。1 kg 当りの蒸気が流れるのに伴ってタービン内で生成されるエントロピー量〔kJ/(kg·K)〕を求める。入口と出口の間の位置エネルギーの変化は無視する。

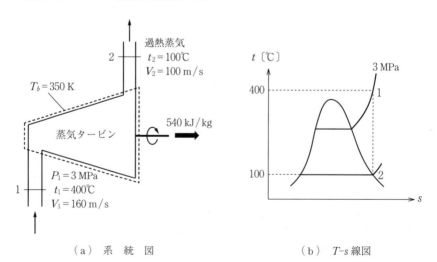

図 1.14　蒸気のエントロピー生成

解　このとき，蒸気は定常状態でタービンを通って膨張する。1 kg 当りの蒸気

1.3 エントロピー生成　　*19*

の流れによるエントロピー生成を求める。

タービンの入口，出口の単位質量当りのエントロピー収支を求めると，熱移動は $T_b = 350\,\mathrm{K}$ のときにのみ起こるので，$\dot{Q}$ の熱移動によるエントロピー変化は $\dot{Q}_{cv}/T_b$ であり，つぎのようになる。

$$\frac{\dot{Q}}{T_b} + \dot{m}\left(s_1 - s_2\right) + \dot{S}_G = 0,$$

$$\frac{\dot{S}_G}{\dot{m}} = -\frac{\dot{Q}/\dot{m}}{T_b} + \left(s_2 - s_1\right)$$

ここで，熱力学第1法則から

$$\frac{\dot{Q}}{\dot{m}} = \frac{\dot{W}_{cv}}{\dot{m}} + \left(h_2 - h_1\right) + \frac{1}{2}\left(u_2^{\,2} - u_1^{\,2}\right)$$

となり，蒸気表から 3.0 MPa，400℃ の比エンタルピーは $h_1 = 3\,230.9\,\mathrm{kJ/kg}$，100℃ の比エンタルピーは $h_2 = 2\,676.1\,\mathrm{kJ/kg}$ であるので，これを用いて計算すると

$$\frac{\dot{Q}}{\dot{m}} = -22.6\,\mathrm{kJ/kg}$$

となる。それぞれの比エントロピーは，蒸気表から $s_2 = 7.354\,9\,\mathrm{kJ/(kg \cdot K)}$，$s_1 = 6.921\,2\,\mathrm{kJ/(kg \cdot K)}$ を用いて計算する。以下のように単位質量当りの生成エントロピーが求まる。

$$s_G = \frac{\dot{S}_G}{\dot{m}} = 0.498\,3\,\mathrm{kJ/(kg \cdot K)} \qquad\qquad ◆$$

1.3.4　伝熱によるエントロピー生成

伝熱によるエントロピー生成について，例として，熱がレンガの壁を通過する場合を考える。

例題1.8　**熱移動によるエントロピー生成**

厚さ 30 cm，熱伝導率 0.69 W/(m·K) の 5 m×6 m のレンガの壁を通して安定した熱の流れを考える。屋外の温度が0℃の日に屋内を 27℃ に維持する。レンガの壁の内面と外面の温度はそれぞれ 20℃ と 5℃ である。壁を通る熱伝達率，壁におけるエントロピー生成速度，およびこの熱伝達プロセスに関連する総エントロピー生成速度を求める（**図1.15**）。dead state の温度および圧力は $t_0 = 25$℃，$P_0 = 101.325\,\mathrm{kPa}$ であると仮定する。

20　　1. エントロピー生成とエクセルギー

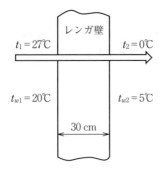

図 1.15　伝熱によるエントロピー生成

[解]　壁面温度を知ることにより，壁を通る熱伝導の速度は，下記のようにフーリエ（Fourier）の法則（付 A.6）から求められる。

$$\dot{Q} = \lambda A \frac{t_{w1}-t_{w2}}{L} = 0.69 \times 30 \times \frac{20-5}{0.3} = 1\,035 \text{ W}$$

ここで，一定の温度 T で表面を通る熱伝達 $\dot{Q}$ によるエントロピー移動が $\dot{Q}/T$ であることを考慮して，部屋から壁へのエントロピー移動は $\dot{Q}/T_{w1}$，同様に壁の外面から周囲の空気中へのエントロピー移動は $\dot{Q}/T_{w2}$ である。

したがって，壁におけるエントロピー生成速度は

$$\dot{S}_{Gw} = \frac{\dot{Q}}{T_{w2}} - \frac{\dot{Q}}{T_{w1}} = \frac{1\,035}{278} - \frac{1\,035}{293} = 0.191 \text{ W/K}$$

となる。なお，状態と壁のエントロピーはどこでも壁において変化しないため，このプロセスの間に，壁のエントロピー変化は 0 であることに注意する。また，任意の位置での熱とエントロピー伝達は，その位置での $\dot{Q}/T$ であり，エントロピー移動の方向は熱伝達の方向と同じである。

この熱伝達プロセス中の総エントロピー生成速度を決定するために，温度変化を経験する壁の両側の領域を含むようにシステムを拡張する。システム境界の一方の側は室温になり，反対側は屋外の温度になる。したがって，総エントロピー生成速度はつぎのようになる。

$$\dot{S}_G = \frac{\dot{Q}}{T_2} - \frac{\dot{Q}}{T_1} = \frac{1\,035}{273} - \frac{1\,035}{300} = 0.341 \text{ W/K}$$

任意の点での空気の状態が処理中に変化しないため，この拡張システムのエントロピー変化は，また 0 であることに注意する。二つのエントロピー間の差は 0.150 W/K であり，壁の両側の空気層で生成されたエントロピーを表す。この場合のエントロピー生成は，有限の温度差による不可逆な熱移動に完全に起因している。　◆

2 エクセルギーによる エネルギー評価

　系の状態変化は，熱と仕事の相互変換によってもたらされる。仕事は完全に熱に変換可能であるが，熱機関サイクルによる熱の仕事への変換はカルノー効率によって制限されている。したがって，仕事は熱よりも価値が高いだけでなく，多くの場合に得ることもより困難である。エンジニアは熱力学を利用してエネルギープロセスを開発している。その際に，さまざまな形態のエネルギーを仕事に変換する方法を最適化し，システムのエクセルギー損失を最小限に抑える必要がある。本章では，エネルギーの有効性の評価について，エクセルギーを導入して考察する。

2.1　エネルギーの有効性の評価

　エネルギーの有効性の尺度は，与えられた状態におけるエネルギーの形態ならびにエネルギー変換に適用することができる。与えられたエネルギー量が仕事を生み出す能力は，そのエネルギーの質の意味ある尺度として受け入れられる。広義には，エネルギーの質は有効な仕事を生み出すエネルギーの可能性である。エクセルギーは，与えられた環境における与えられたエネルギーから得られる可能性のある最大の有効仕事として定義される。
　プロセス中に一定のエネルギーの仕事量が減少すると，そのエネルギーは低下したといわれる。したがって，熱力学第1法則および第2法則はエネルギーの保存および劣化を表している。エネルギー変換が生じたり，ある系から別の系に移動したりするときに，第1法則によりエネルギーの総量は一定であるが，第2法則により有効な仕事を生み出す可能性が減っていくことになる。

したがって，エネルギー変換および移動の間，エネルギーは保存されるが，劣化する。エネルギーの質を決定することは，社会にとって有効な仕事をする可能性を見極めることである。省エネルギーとは，通常，エネルギー使用量の削減を意味する。同様に重要なのは，その使用中にエネルギーの劣化を低減することである。

2.1.1 熱力学第1法則と第2法則

本章では，不可逆性の存在下で仕事の作用を評価するための一般的な方程式を整理することから始める。これにより，閉じた系および開いた系のエクセルギーの概念を定量化することができる。本書では，熱量と仕事の正負を図2.1に示すように，熱量が外部から系に供給される場合，$Q>0$，また系が外部に仕事をする場合，$W>0$とする。

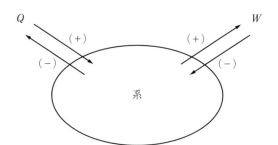

図2.1 熱量と仕事の正負の定義

熱力学第1法則には仕事の項が含まれているが，不可逆性を説明するエネルギーの項はない。第2法則には，不可逆性（エントロピー生成）の項を含んでいるが，用語は特に仕事の視点では書かれていない。仕事をエントロピー生成（または不可逆性）に直接関係付けるために，第1法則と第2法則を組み合わせることによって，エネルギー評価の方法を見いだすことができる。

開いた系に対する一般的な熱力学第1法則（エネルギー保存則）は

$$\dot{Q} = \dot{m}\left(h_2 + \frac{u_2^2}{2} + gz_2\right) - \dot{m}\left(h_1 + \frac{u_1^2}{2} + gz_1\right) + \dot{W} \tag{2.1}$$

と表せ，運動エネルギーと位置エネルギーが無視できる場合は

$$\dot{Q} = \dot{m}(h_2 - h_1) + \dot{W} = \dot{m}\Delta h + \dot{W}$$

となる。エクセルギーは可能な最大仕事 $\dot{W}_{max}$ で定義するため，$P_0(V_2 - V_1)$ により大気に対して行われた仕事によって $\dot{W}$ を修正する（式 (2.2)）。

$$\dot{W}_{max} = \dot{W} + P_0(V_2 - V_1) \tag{2.2}$$

さらに，生成エントロピー $\dot{S}_G$ は以下のようになる。

$$\dot{S}_G = \dot{m}(s_2 - s_1) - \frac{\dot{Q}}{T} = \dot{m}\Delta s - \frac{\dot{Q}}{T} \tag{2.3}$$

ここでは，上記の三つの方程式 (2.1) ～ (2.3) を使用して，実際の条件および可逆的な条件下での仕事の関係を構築する。

2.1.2　熱力学第2法則効率

通常用いられている熱力学第1法則の理論熱効率 η_1 は，選択されたエネルギーの比である。与えられたエネルギーに対してどれだけの仕事を取り出せるかを表している（式 (2.4)）。

$$\eta_1 = \frac{W}{Q_H} = \frac{Q_H - Q_L}{Q_H} = 1 - \frac{Q_L}{Q_H} \tag{2.4}$$

これに対して，エネルギーの有効性はエクセルギーによってより適切に記述される。エクセルギーは第2法則に由来するので，エクセルギーの概念に基づくプロセスの効率は**熱力学第2法則効率**（second law efficiency）η_{II} またはエクセルギー効率として知られている。第1法則効率はエネルギーがどれくらいうまく使用されるかを測定するが，第2法則効率はエクセルギーがどれくらいうまく使用されるかを示す。二つの効率は熱力学的解析において重要である。

第1法則と第2法則の効率は，重要な点で異なる。第1法則は保存法則である。機器の第1法則効率は，実際のエネルギー変化と理論上のエネルギー変化とを特定の制約のもとで比較する。例えば，タービン，圧縮機，ノズル，およびポンプなどの理論熱効率である。一方，エントロピーと第2法則の観点からのエクセルギーは，非保存的である。不可逆性の存在下では，エントロピーが増加し，エクセルギーが減少する。前者の効果はエントロピー生成 S_G によっ

て定義され，後者の効果は，下式のように不可逆性 I によって定義される。ここで，I は可逆仕事と実際の仕事の差である。

$$I = W_{rev} - W = T_0 \Delta S > 0 \tag{2.5}$$

熱機関のように仕事を外部にするときには，実際の仕事（$W>0$）は可逆仕事より小さくなり，冷凍機，ヒートポンプ，圧縮機のように外部から仕事をされるときには，可逆仕事より大きな仕事（$W<0$）を与えなければならない。したがって，図 2.2 に示すように I は必ず正となる。

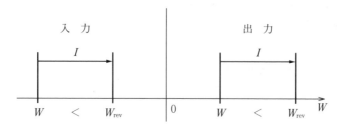

図 2.2　不可逆性と仕事の関係

第 2 法則効率はプロセス中のエクセルギー損失を定量化する。熱機関の第 2 法則効率 η_{II} の典型的な定義は，式 (2.6) で表される。

$$\eta_{II} = \frac{W}{W_{rev}} = \frac{W_{rev} - I}{W_{rev}} \tag{2.6}$$

熱力学第 2 法則は，同じ量のエネルギーがまったく異なる二つのエクセルギーの形態を有している。第 2 法則効率は第 1 法則効率とは異なり，プロセス中の仕事をする能力の損失を表すことができる。

2.2　理想気体の熱量と圧力のエクセルギー

2.2.1　温度と熱量のエクセルギー

エクセルギーは，dead state を最終状態として用いて得られる最大仕事であると定義されるから，熱源の温度 T と dead state の温度 T_0（$T>T_0$ と想定する）の間に可逆熱機関（カルノーサイクル：付 A.3 参照）を想定する。熱量

2.2 理想気体の熱量と圧力のエクセルギー

Qのエクセルギー E は，Qにカルノーサイクルの効率を掛けて

$$E = \left(1 - \frac{T_0}{T}\right)Q \tag{2.7}$$

である。書き換えると

$$Q = E + \left(\frac{T_0}{T}\right)Q = E + T_0 \Delta S \tag{2.8}$$

となる。$\Delta S = Q/T$ は熱源から引き出されるエントロピー，$T_0 \Delta S$ は環境に放出される熱量である。よって，Q は有効仕事になる部分 E と，環境に放出されて利用できない部分 $T_0 \Delta S$ とからなることがわかる。$T_0 \Delta S$ を**アネルギー**（anergy）ともいう。

$T_0 \Delta S$ は熱源から引き出されるエネルギーのうち，可逆変化を用いてさえも環境に放出されるため使えない部分である。しかし，そのエクセルギーは 0 であるため損失とは異なる。サイクルに不可逆過程が含まれると，仕事として使えない部分は増えることに注意する必要がある。

例えば，**図 2.3** に示す初期温度 T，熱容量 C，熱量 Q の水のエクセルギーは以下のようになる。

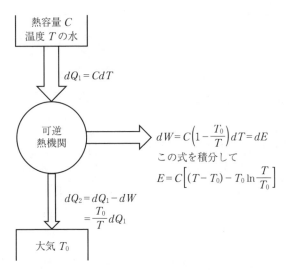

図 2.3　熱容量 C，温度 T の水のエクセルギー

2. エクセルギーによるエネルギー評価

$$dQ = CdT,$$

$$dE = \left(1 - \frac{T_0}{T}\right)dQ = dQ - T_0\frac{dQ}{T} = CdT - T_0 dS$$

ここで，$dS = dQ/T$ は高熱源から引き出されるエントロピーである。これを T_0 から T まで積分すると

$$E = C\int_{T_0}^{T}\left(1 - \frac{T_0}{T}\right)dT = C\left[(T - T_0) - T_0\ln\frac{T}{T_0}\right] \tag{2.9}$$

$$T_0\Delta S = CT_0\ln\frac{T}{T_0} \tag{2.10}$$

となる。この場合のエントロピーの流れとエクセルギーの流れを図 2.4 に示す。エントロピーの流れでは，温度 T の熱源からきた ΔS_1 のエントロピーが，不可逆過程によって ΔS_G だけ増加し，ΔS_2 となって dead state へ流出する。一方，エクセルギーの流れでは，不可逆過程におけるエントロピー生成によって ΔE_{loss} の分だけエクセルギーが消滅することがわかる。

$T_0\Delta S$ が環境に放出された全熱量で，高熱源から引き出された全エントロ

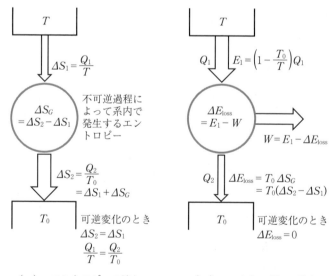

（a）エントロピーの流れ　　　（b）エクセルギーの流れ

図 2.4　エントロピーとエクセルギーの流れ

ピー ΔS に環境温度 T_0 を乗じて求められることがわかる。これは $T>T_0$ のとき正であるが，$T_0>T$ の場合，$\ln(T/T_0)<0$ であるので，環境から熱の流入によって負になる。その場合，その熱も有効に使うことができることに注意する。エクセルギーの観点からは，環境は無限の吸熱源であり，無限の熱源でもある。

ここで，$T \neq T_0$ であれば，$E>0$ であることを示す。まず，$E=CT_0 f$; $f(x)=x-1-\ln x$; $x=T/T_0$ とおく。$f(1)=0$; $df/dx=1-1/x$ なので，$x>1$ ならば $df/dx>0$（増加関数），$x<1$ ならば $df/dx<0$（減少関数）。したがって，図 2.5 に示すように，$x=1$ で極小となり，環境温度と異なる温度の熱源からは仕事を取り出すことができる。

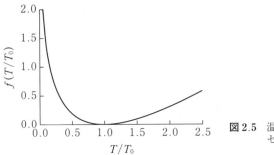

図 2.5 温度によるエクセルギーの変化

例題 2.1　熱のエクセルギー

10℃，140 L の水を 100℃まで加熱した。dead state を 10℃とする。加熱に必要な熱量とエクセルギー変化を求める。ただし，水の比熱を $c_w=4.2$ kJ/(kg·K) 一定とする。また，エクセルギーと加熱に要した熱量の比を求める。

解　まず，加熱に要した熱量を求める。水の質量を m とすると，水の熱容量は $C=mc_w$ なので

$$Q=C(T-T_0)=140\times 4.2\times(373-283)=52\,920\,\text{kJ}=52.92\,\text{MJ}$$

である。つぎに，式 (2.13) を用いてエクセルギーを求めると

$$E=C\left(T-T_0-T_0\ln\frac{T}{T_0}\right)=140\times 4.2\times\left(373-283-283\times\ln\frac{373}{283}\right)$$

= 6 971 kJ = 6.971 MJ,

$$\frac{E}{Q} = \frac{6.971}{52.92} = 0.131\,7$$

となる。したがって，供給した熱量のうち 13.17％がエクセルギーとなった。　◆

2.2.2　圧力のエクセルギー

圧力 P（$>P_0$ と仮定する），体積 V の理想気体を P_0 になるまで仕事を取り出しながら膨張させるものとする。その最大値で「圧力のエクセルギー」を定義する（下式参照）。

$$dW_{max} = (P - P_0)dV$$

ここで，温度が環境温度と異なればそれだけで仕事が取り出せるので，その部分は除外するため温度は環境温度 T_0 と等しいと想定する。理想気体の質量を 1 kg とすると $PV = RT_0$，したがって，$PdV = -VdP = -RT_0 dP/P$ なので

$$dW_{max} = -RT_0\left(1 - \frac{P_0}{P}\right)\frac{dP}{P}$$

である。これを P から P_0 まで積分して

$$E = W_{max} = -RT_0\int_P^{P_0}\left(\frac{1}{P} - \frac{P_0}{P^2}\right)dP = RT_0\left[\ln\frac{P}{P_0} - \left(1 - \frac{P_0}{P}\right)\right] \qquad (2.11)$$

を得る（図 2.6 の斜線部面積に相当する）。右辺第 2 項は（$P > P_0$ のとき）環境に対してなす仕事であり，使えない部分であるが，$P < P_0$ ならば環境が系に対して仕事をなし，それを利用することができる。この変化は等温膨張である

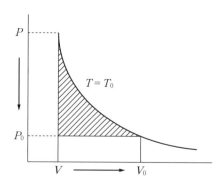

図 2.6　圧力 P の理想気体のエクセルギー

から,環境から熱の供給を受けながら,その受け取った熱量と等しい仕事を取り出すのである。

ここで,$P \neq P_0$ であれば,$E>0$ であることを示す。まず,$E=RT_0 g$;$g(x) = \ln x + 1/x - 1$;$x = P/P_0$ とおく。$g(1) = 0$;$dg/dx = 1/x - 1/x^2$ なので $x>1$ ならば $dg/dx>0$(増加関数),$0<x<1$ ならば $dg/dx<0$(減少関数)。したがって,図2.7に示すように,$x=1$ で極小となり,環境圧力と異なる圧力状態からは仕事を取り出すことができる。

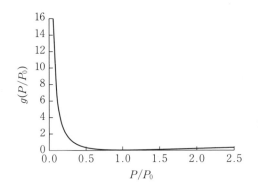

図2.7 圧力によるエクセルギー変化

例題 2.2　圧力のエクセルギー

高圧導管のゲージ圧力を4 MPa とした場合の圧力エクセルギーを求める。ただし,都市ガスのガス定数を $R=0.5183\,\text{kJ}/(\text{kg}\cdot\text{K})$,環境温度を25℃,dead state の圧力を大気圧(101.3 kPa)とする。

解　式(2.7)を用いて計算すると,つぎのようになる。
$$E = RT_0 \left[\ln \frac{P}{P_0} - \left(1 - \frac{P_0}{P}\right) \right] = 0.5183 \times 298 \times \left(\ln \frac{4\,101.3}{101.3} - 1 + \frac{101.3}{4\,101.3} \right)$$
$$= 420.99\,\text{kJ}/\text{kg} \qquad \blacklozenge$$

例題 2.3　融解・凝縮のエクセルギー

圧力 101.3 kPa 一定のもとで,100℃の水蒸気1 kg 当りのエクセルギー変化および0℃の氷1 kg 当りのエクセルギー変化を求める。ただし,dead state を

25℃，101.3 kPa とする。また，水の比熱を c_p = 4.18 kJ/(kg·K)，凝縮潜熱を L_v = 2 255 kJ/kg，氷の融解熱を L_f = 335 kJ/kg とする。

[解] 図 2.8 に示すように，水蒸気は凝縮熱を大気へ放出し，氷は融解熱を大気から受け取り，どちらも最終的には dead state の状態になる。

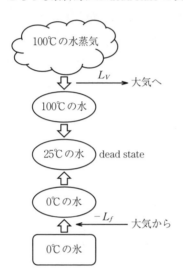

図 2.8 融解・凝縮のエクセルギー

融解と凝縮のとき温度は一定であるので，熱のエクセルギーは式 (2.7) で表される。融解と凝縮の後は温度が変化するので，式 (2.9) を用いる。これらを足し合わせて次式を得る。ここで，Q_L は**潜熱** (latent heat) である。

$$E = Q_L\left(1 - \frac{T_0}{T}\right) + H - H_0 - T_0(S - S_0) \tag{2.12}$$

したがって，dead state までの水蒸気のエクセルギー変化 ΔE_{steam} は式 (2.12) を用いて

$$\begin{aligned}\Delta E_{\text{steam}} &= L_V\left(1 - \frac{T_0}{T}\right) + c_P\left[(T - T_0) - T_0\ln\frac{T}{T_0}\right] \\ &= 2255 \times \left(1 - \frac{298.15}{373.15}\right) + 4.18 \times \left[(100 - 25) - 298.15\ln\frac{373.15}{298.15}\right] \\ &= 487.0 \text{ kJ/kg}\end{aligned}$$

となり，同様に dead state までの氷のエクセルギー変化 ΔE_{ice} は，つぎのようになる。

$$\Delta E_{\text{ice}} = L_f\left(1 - \frac{T_0}{T}\right) + c_P\left[(T - T_0) - T_0\ln\frac{T}{T_0}\right]$$

$$= -335 \times \left(1 - \frac{298.15}{273.15}\right) + 4.18 \times \left[(0 - 25) - 298.15 \ln \frac{273.15}{298.15}\right] = 35.3 \text{ kJ/kg}$$

◆

2.3 閉じた系と開いた系のエクセルギー

2.3.1 閉じた系における内部エネルギーのエクセルギー

圧力のエクセルギーはいわば (T_0, P) の理想気体のエクセルギーである。ここでは，状態 (U, V, S) の単一成分の流体が保有するエクセルギーを求める。

流体がシリンダとピストンで区切られた閉空間内に封入されているものとする。ピストンの外側は環境であり，かつピストンには負荷がかけられているものとする（図2.9）。流体が，環境と熱や仕事の交換をしながら最終的に (U_0, V_0, S_0) になるまでに負荷になす最大仕事がエクセルギーである。

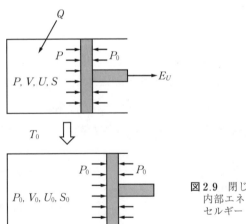

図2.9 閉じた系における内部エネルギーのエクセルギー

ピストンがなす仕事 W は

$$W = W_p + P_0(V_0 - V) \tag{2.13}$$

である。ここで，W_p：ピストンが負荷になす仕事，$P_0(V_0 - V)$：ピストンが環境に対してなす仕事である。

一方，環境から流体に加えられる熱量を Q とすれば，第1法則より

32   2. エクセルギーによるエネルギー評価

$$W = U - U_0 + Q \tag{2.14}$$

となり，また，第2法則より

$$\Delta S - \frac{Q}{T_0} \geq 0 \tag{2.15}$$

$$\Delta S = S_0 - S \tag{2.16}$$

である。ここで，ΔS：流体のエントロピー増加である。

式 (2.15) は流体が受け取るエントロピー ΔS と，環境から流体に引き渡されるエントロピー Q/T_0 を合計した，全エントロピー変化は必ず正または0であることを述べている。

式 (2.13) 〜 (2.16) から

$$W_p \leq (U - U_0) + P_0(V - V_0) + T_0\Delta S \tag{2.17}$$

を得る。したがって

$$E_U = W_{p, \max} = U - U_0 + P_0(V - V_0) - T_0(S - S_0) \tag{2.18}$$

である。あるいは微分形で

$$dE_U = dU + P_0 dV - T_0 dS \tag{2.19}$$

となる。内部エネルギーの落差（右辺第1項）や，環境に対してピストンがなす仕事（第2項）は何らかの形で利用できるのに対し，流体温度 T_0 でエントロピー増加になる部分（第3項）は利用できないことを意味している（前述のように，圧力／温度が環境のそれよりも低い場合は環境から仕事や熱を得ることができる）。

例題2.4　**排気のエクセルギー**

図 2.10 に示すようにエンジンのシリンダには，排気弁が開く直前に 0.7 MPa の圧力および 867℃ の温度の燃焼ガスを封入されている。このときの燃焼ガスの比エクセルギー e〔kJ/kg〕を求める。運動エネルギーと位置エネルギーの影響を無視し，燃焼ガスを理想気体の空気として扱う。dead state を P_0 = 0.101 3 MPa，T_0 = 300 K（27℃）とする。また，空気の気体定数，定圧比熱，定容比熱をそれぞれ，R = 0.287 kJ/(kg·K)，c_p = 1.108 kJ/(kg·K)，c_v =

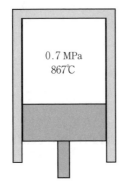

図 2.10 エンジンシリンダー

$0.821\,\mathrm{kJ/(kg\cdot K)}$ とする。

[解] 運動エネルギーと位置エネルギーの影響を無視するので,式 (2.18) より,比エクセルギーは以下のようになる。

$$e = u - u_0 + P_0(v - v_0) - T_0(s - s_0) \tag{2.20}$$

比内部エネルギーと比エントロピーは以下のようになる。

$$u - u_0 = c_v(T - T_0) = 0.821 \times (867 - 27) = 689.64\,\mathrm{kJ/kg},$$

$$s - s_0 = c_p \ln\frac{T}{T_0} - R \ln\frac{P}{P_0} = 1.108 \times \ln\frac{1140}{300} - 0.287 \times \ln\frac{0.7}{0.1013}$$

$$= 0.9244\,\mathrm{kJ/(kg\cdot K)}$$

したがって,エクセルギーにならないエネルギーは

$$T_0(s - s_0) = 300 \times 0.9244 = 277.32\,\mathrm{kJ/kg}$$

となり,$P_0(v - v_0)$ の項は,状態方程式 $v = RT/P$ および $v_0 = RT_0/P_0$ を用いて

$$P_0(v - v_0) = R\left(\frac{P_0 T}{P} - T_0\right) = 0.287 \times \left(\frac{0.1013 \times 1140}{0.7} - 300\right) = -38.75\,\mathrm{kJ/kg}$$

である。これらの値を式 (2.20) に代入すると,比エクセルギー e は

$$e = 689.64 + (-38.75) - 277.32 = 373.56\,\mathrm{kJ/kg}$$

となる。燃焼ガスが直接周囲に排出されると,計算で求めたエクセルギーの値の分だけ仕事をする可能性が無駄になる。しかし,排気をタービンに通気することによって,いくらかの仕事が取り出せる可能性がある。エンジンにターボ過給機が搭載されていると,このエクセルギーが利用されていることになる。◆

2.3.2 開いた系におけるエンタルピーのエクセルギー

図 2.11 に示す開いた系に対する第 1 法則は,運動エネルギーや位置エネル

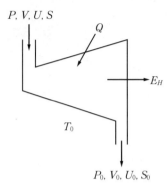

図 2.11 開いた系におけるエンタルピーのエクセルギー

ギーを無視すると

$$W = H - H_0 + Q \tag{2.21}$$

である。ただし，$H = U + PV$：エンタルピー，W：外になす仕事，Q：環境から加えられる熱量である。ここで，第2法則（全エントロピーの増加）

$$\Delta S - \frac{Q}{T_0} = S_0 - S - \frac{Q}{T_0} \geq 0$$

を用いると

$$W \leq H - H_0 - T_0(S - S_0) \tag{2.22}$$

を得る。したがって

$$E_H = W_{\max} = H - H_0 - T_0(S - S_0) \tag{2.23}$$

となる。あるいは微分形で

$$dE_H = dH - T_0 dS \tag{2.24}$$

を得る。式 (2.18)，(2.23) から式 (2.25) を導くと

$$E_H - E_U = H - H_0 - \{U - U_0 + P_0(V - V_0)\} = H - U - (H_0 - U_0) - P_0(V - V_0)$$
$$= PV - P_0 V_0 - P_0(V - V_0)$$

である。したがって

$$E_H - E_U = (P - P_0)V \tag{2.25}$$

となる。

2.4 エクセルギー収支　　35

例題 2.5　空気の比エクセルギー

圧力 1 MPa，温度 500 K の空気 1 kg の比エクセルギー e〔kJ/kg〕を求める。ただし，空気の気体定数，定圧比熱をそれぞれ，$R = 0.287$ kJ/(kg·K)，$c_p = 1.005$ kJ/(kg·K) とし，dead state を $P_0 = 0.1$ MPa，$T_0 = 290$ K とする。

解　式 (2.23) を単位質量当りにすると，下式のようになる。

$$e = h - h_0 - T_0(s - s_0) \tag{2.26}$$

$$h - h_0 = c_p(T - T_0) = 1.005 \times (500 - 290) = 211.1 \text{ kJ/kg},$$

$$T_0(s - s_0) = T_0\left(c_p \ln\frac{T}{T_0} - R \ln\frac{P}{P_0}\right) = 290 \times \left(1.005 \times \ln\frac{500}{290} - 0.287 \times \ln\frac{1}{0.1}\right)$$

$$= -32.86 \text{ kJ/kg}$$

したがって，式 (2.26) にこれらの値を代入して，比エクセルギー e が求まる。

$$e = 211.1 - (-32.86) = 244.0 \text{ kJ/kg} \qquad \blacklozenge$$

2.4　エクセルギー収支

2.4.1　物質の出入りがない閉じた系のエクセルギー収支

〔1〕　エクセルギー収支：エネルギー収支とエントロピー収支の結合

質量一定の閉じた系を考え，系の始め 1 の状態の内部エネルギーを U_1，エントロピーを S_1 とし，この系に外界より熱 Q（熱は系の温度 T の表面部分に加えられるとする）を加え，外界に仕事 W をする。系の変化が不可逆プロセスで行われ，系の終わり 2 の状態の内部エネルギーが U_2，エントロピーが S_2 になったと仮定する。

〔2〕　エネルギー収支（熱力学第 1 法則：式 (2.27)）

$$Q_{12} = U_2 - U_1 + W_{12}, \quad Q_{12} - W_{12} = U_2 - U_1 \tag{2.27}$$

〔3〕　エントロピー収支（熱力学第 2 法則：式 (2.28)）

$$\Delta S = S_2 - S_1 = \frac{Q_{12}}{T} + S_G \tag{2.28}$$

ここで，エントロピーは熱だけで表され，仕事は無関係である（仕事のエン

36　　2.　エクセルギーによるエネルギー評価

トロピーは 0)。

〔4〕　**エネルギー収支とエントロピー収支の結合**

dead state（大気温度 T_0，大気圧力 P_0）を考慮し，下式のように，エントロピー収支の両辺に大気温度 T_0 を掛けてエントロピーの次元をエネルギーの次元とする。

$$\frac{T_0}{T}Q_{12}=T_0(S_2-S_1)-T_0S_G=T_0(S_2-S_1-S_G) \tag{2.29}$$

式 (2.27) と式 (2.29) との差をとると，つぎのようになる。

$$\left(1-\frac{T_0}{T}\right)Q_{12}-W_{12}=U_2-U_1-T_0(S_2-S_1-S_G) \tag{2.30}$$

ここで，W_{12} は実際のプロセス（不可逆プロセス）で系が外界になす膨張仕事，S_G は系内の変化が不可逆プロセスであることにより，系内に生じる発生エントロピーである。

〔5〕　**可逆プロセスのエクセルギー収支**

不可逆プロセスと同一の系の状態変化を可逆プロセスで行った場合には，可逆プロセスでは系内の発生エントロピーは 0 であるから，$S_G=0$ とおき，系の膨張仕事 W は可逆プロセスでの膨張仕事 W_{rev} となるので，式 (2.30) は次式のようになる。

$$\left(1-\frac{T_0}{T}\right)Q_{12\mathrm{rev}}-W_{12\mathrm{rev}}=U_2-U_1-T_0(S_2-S_1) \tag{2.31}$$

ここで，可逆プロセスで取り出すことができる最大の膨張仕事は dead state の大気圧力 P_0 では 0 となる尺度で表した仕事である。膨張・圧縮仕事（エネルギー量）は，可逆プロセスでつぎの式 (2.32) で与えられる。

$$W_{12\mathrm{rev}}=\int_{V_1}^{V_2}PdV \tag{2.32}$$

系の圧力 P を $(P-P_0)$ と大気圧 P_0 との和で表すと

$$P=(P-P_0)+P_0$$

となる。これを式 (2.32) に代入すると，可逆プロセスの膨張仕事は

$$W_{12\mathrm{rev}} = \int_{V_1}^{V_2} (P - P_0)\, dV + \int_{V_1}^{V_2} P_0\, dV = W_{12\mathrm{rev,\, ex}} + P_0(V_2 - V_1) \qquad (2.33)$$

のようになる。ここで，$W_{12\mathrm{rev,\, ex}}$ は，膨張仕事 $W_{12\mathrm{rev}}$ のエネルギー量から可逆プロセスで取り出すことができ，dead state（$P = P_0$）では 0 となる尺度で表した仕事であり，膨張仕事 $W_{12\mathrm{rev}}$ のエクセルギーである。

式 (2.33) の $P_0(V_2 - V_1)$ は，系が大気圧力 P_0 で体積が（$V_2 - V_1$）だけ膨張したときの仕事で，通常，**外界仕事**（surroundings work）といわれる。ただし，系の体積変化 $V_2 - V_1 = \Delta V$ による仕事である。式 (2.33) を式 (2.31) に代入すると

$$\left(1 - \frac{T_0}{T}\right) Q_{12\mathrm{rev}} - W_{12\mathrm{rev,\, ex}} = U_2 - U_1 + P_0(V_2 - V_1) - T_0(S_2 - S_1) \qquad (2.34)$$

を得る。式 (2.34) は閉じた系においてエネルギー収支 $Q - W = \Delta U$ が成り立つとき，エントロピー収支を用いて可逆プロセスで得られる式であり，左辺第 1 項は熱 Q により加えられるエクセルギー，第 2 項は膨張仕事 $W_{12\mathrm{rev}}$ によるエクセルギー，右辺は内部エネルギーのエクセルギー変化である。したがって，式 (2.34) はエクセルギーの収支関係を表している。

可逆プロセスにおける式 (2.34) を，改めてエクセルギーの記号 E で書き直すと式 (2.35) のようになる。

$$E_{U2} - E_{U1} = E_Q - E_W \qquad (2.35)$$

ここで，$E_{U2} - E_{U1}$ は内部エネルギーのエクセルギー変化，E_Q は熱量 Q_{12} のエクセルギー，E_W は膨張仕事 W_{rev} のエクセルギーであり，下式で表される。

$$E_{U2} - E_{U1} = U_2 - U_1 + P_0(V_2 - V_1) - T_0(S_2 - S_1),$$

$$E_Q = \left(1 - \frac{T_0}{T}\right) Q_{12\mathrm{rev}},$$

$$E_W = W_{12\mathrm{rev,\, ex}}$$

〔6〕 不可逆プロセスにおける損失仕事と消滅エクセルギー

系の状態変化が可逆プロセスで行われるとき，系が外界に与える仕事は最大であり，系が必要とする仕事は最小である。可逆プロセスで与えられる極値

(最大,最小)の仕事と,不可逆プロセスでの仕事との差は損失仕事という。いま損失仕事を W_{loss} で表すと,式 (2.30) と式 (2.31) の差より

$$W_{loss} = W_{rev} - W = T_0 S_G \tag{2.36}$$

で与えられる。式 (2.36) は系の変化が不可逆プロセスで行われるとき,系内に生じる損失仕事 W_{loss} は系内に生じる発生エントロピー S_G に比例すること,あるいは損失仕事は発生エントロピー S_G と大気温度 T_0 との積 $T_0 S_G$ で与えられることを示している。

損失仕事 W_{loss} により失われるエクセルギーは消滅エクセルギー E_{loss} といわれる(式 (2.37))。

$$E_{loss} = T_0 S_G = W_{loss} \tag{2.37}$$

したがって,エクセルギー収支はつぎのようになる。

$$E_{U2} - E_{U1} = E_Q - E_W - E_{loss} \tag{2.38}$$

以上のエネルギー収支,エントロピー収支,エクセルギー収支の関係を**図 2.12** に示す。

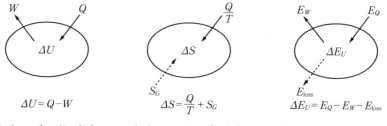

(a) エネルギー収支　　(b) エントロピー収支　　(c) エクセルギー収支

図 2.12　エネルギー,エントロピー,エクセルギーの収支

例題 2.6　気体膨張のエクセルギー

ピストン-シリンダ装置を用いて,1 kg の理想気体を温度一定で瞬間的に膨張させる。膨張は 300 K 一定で行い,気体の体積を 10^{-2} m^3 から 2 倍の 2×10^{-2} m^3 へ膨張させ,46 kJ の実際の仕事を得る。ただし,気体定数を $R = 0.278$ kJ/(kg·K) とし,dead state を $T_0 = 298$ K,$P_0 = 100$ kPa とする。

2.4 エクセルギー収支 39

膨張に要する可逆プロセスにおける仕事を求めて，不可逆プロセス（実際の
プロセス）の場合と比較する。膨張仕事のエクセルギー，熱および内部エネル
ギーのエクセルギーまた損失仕事による消滅エクセルギーを求め，エクセル
ギー収支を調べる。

解 可逆プロセスの場合：

$$W_{12\text{rev}} = \int_{V_1}^{V_2} P dV = mRT \int_{V_1}^{V_2} \frac{dV}{V} = mRT \ln \frac{V_2}{V_1} = 1 \times 0.278 \times 300 \times \ln 2 = 57.8 \text{ kJ},$$

$$Q_{12\text{rev}} = W_{12\text{rev}} = 57.8 \text{ kJ}$$

同一の膨張を可逆プロセスと実際のプロセスで行うとき，可逆プロセスのほうが
取り出せる膨張仕事は大きい。これは実際のプロセス（不可逆プロセス）での理想
気体の定温膨張であり，エネルギー収支，エントロピー収支およびエクセルギー収
支はつぎのようになる。

エネルギー収支（式 (2.31)）　：$U_2 - U_1 = Q_{12} - W_{12}$

エントロピー収支（式 (2.32)）：$S_2 - S_1 = \dfrac{Q_{12}}{T} + S_G$

エクセルギー収支（式 (2.42)）：$E_{U2} - E_{U1} = E_Q - E_W - E_{\text{loss}}$

理想気体の $T = \text{const.}$ の変化では，つぎに示すように内部エネルギー変化は 0 である。

$$U_2 - U_1 = 0$$

したがって

$$Q_{12} = W_{12} = 46 \text{ kJ}$$

である。つぎに，系のエントロピー変化 ΔS は，理想気体が $T = \text{const.}$ で，体積が V_1
（始め）から V_2（終わり）へ膨張するので

$$S_2 - S_1 = mR \ln \frac{V_2}{V_1} = 1 \times 0.278 \times \ln 2 = 0.192\,7 \text{ kJ / K}$$

となり，系内の発生エントロピー S_G は

$$S_G = S_2 - S_1 - \frac{Q_{12}}{T} = 0.192\,7 - \frac{46}{300} = 0.039\,6 \text{ kJ / K}$$

となる。損失仕事は式 (2.36) よりつぎのようになる。

$$W_{\text{loss}} = T_0 S_G = 298 \times 0.039\,6 = 11.8 \text{ kJ}$$

さらに，系の体積変化は

$$V_2 - V_1 = 2 \times 10^{-2} - 10^{-2} = 0.01 \text{ m}^3$$

であるので，膨張仕事 W の有効仕事 W_{ex} は，式 (2.33) で与えられ，膨張仕事 W の
エクセルギー E_W は

$$E_W = W_{ex} = W_{12} - P_0(V_2 - V_1) = 46 - 100 \times 0.01 = 45 \text{ kJ}$$

である。熱に伴う移動エクセルギー E_Q は

$$E_Q = Q_{12\text{rev}}\left(1 - \frac{T_0}{T}\right) = 57.8 \times \left(1 - \frac{298}{300}\right) = 0.385\,4 \text{ kJ}$$

となり，内部エネルギー（閉じた系）のエクセルギー変化はつぎのようになる。

$$E_{U2} - E_{U1} = U_2 - U_1 + P_0(V_2 - V_1) - T_0(S_2 - S_1)$$
$$= 0 + 100 \times 0.01 - 298 \times 0.192\,7 = -56.42 \text{ kJ}$$

また，損失仕事による消滅エクセルギーは

$$E_{\text{loss}} = T_0 S_G = 298 \times 0.039\,6 = 11.8 \text{ kJ}$$

となる。したがって，つぎに示すように式 (2.38) のエクセルギー収支が成立することがわかる。

$$E_Q - E_W - E_{\text{loss}} = 0.385\,4 - 45 - 11.8 = -56.42 \text{ kJ} = E_{U2} - E_{U1} \qquad \blacklozenge$$

2.4.2 熱伝達を伴うエクセルギーの移動

温度 T において熱移動 Q があるとき，Q/T のエントロピー移動が行われ，熱とエントロピーの移動方向はつねに同じである。同時にエクセルギーも移動し，熱移動によるエクセルギーを E_Q とする。

熱伝達が行われている場所の温度 T が一定でない場合，熱伝達を伴うエクセルギー移動があることを積分によって求められる（式 (2.39)）。

$$E_Q = \int \left(1 - \frac{T_0}{T}\right)\delta Q \qquad (2.39)$$

有限の温度差によって，その熱伝達は不可逆的であり，エントロピーは結果として生成される。**図 2.13** に示すように，エントロピー生成はつねにエクセルギーの消滅を伴う。

熱伝達（heat transfer）においては，熱力学第 1 法則からエネルギーが保存されるので，同じ熱量 $\dot{Q}$ が移動する。**エントロピーの移動**（entropy transfer）においては，外側の温度のほうが内側より小さいので，$\dot{Q}/T_2 > \dot{Q}/T_1$ となり，第 2 法則からエントロピーは増大する。**エクセルギーの移動**（exergy transfer）においては，$(1 - T_0/T_1)\dot{Q} > (1 - T_0/T_2)\dot{Q}$ となり，熱力学第 1 法則および第 2 法則からエクセルギーは減少する。

2.4 エクセルギー収支

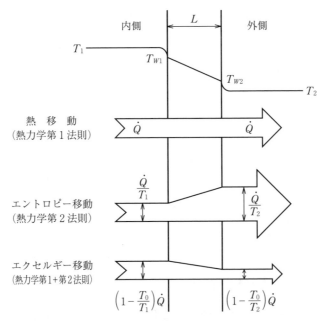

図 2.13 有限温度差を通る熱伝達プロセス中の熱移動とエクセルギーの消滅

$T < T_0$ のとき，すなわち環境よりも低い温度である物質を持っている場合はどうなるだろうか．この場合，環境と「冷たい」媒体との間の熱機関を実行することができ，したがって，冷たい物質は仕事を生み出す機会を提供することが考えられる．このとき，環境は熱源として，冷媒体は吸熱源として働く．

したがって，上記の関係により，冷たい物質に移動する熱量 Q に関連したエクセルギーは負の値になる．例えば，$T = 100\,\mathrm{K}$ と $Q = 1\,\mathrm{kJ}$ の（冷たい媒体に対して熱利得があるので正）に対して，式 (2.7) は $E = (1 - 300/100)(1\,\mathrm{kJ}) = -2\,\mathrm{kJ}$ を与え，冷たい媒体のエクセルギーは 2 kJ だけ減少することを意味している．また，このエクセルギーを回復することができることを意味し，冷たい媒体と環境の組合せは 100 K で熱の 2 倍の仕事を生成する可能性を持っている．

$T > T_0$ の場合，エクセルギーと熱の移動は同じ方向である．つまり，熱が

42   2. エクセルギーによるエネルギー評価

移動した物質のエクセルギーとエネルギー量の両方は増加するということである。しかし，$T < T_0$（冷媒体）の場合はエクセルギーおよび熱の移動は反対方向である。すなわち，冷媒体のエネルギーは熱伝達の結果として増加するが，そのエクセルギーは減少する。その温度が T_0 に達したときに，冷たい媒体のエクセルギーは最終的には0になる。式 (2.7) はまた，温度 T での熱エネルギー Q のエクセルギーと見なすことができる。

実際のところ，図 2.13 に示すように壁の両側の領域を含むようにシステムを拡張すると，システム境界の一方の側は室温になり，反対側は屋外の温度になる。したがって，それぞれのエントロピー生成速度はつぎのようになる。

$$\dot{S}_1 = \frac{\dot{Q}}{T_1} = \frac{103\,5}{300} = 3.45 \text{ W/K},$$

$$\dot{S}_2 = \frac{\dot{Q}}{T_2} = \frac{103\,5}{273} = 3.79 \text{ W/K}$$

任意の点での空気の状態が処理中に変化しないため，この拡張システムのエントロピー変化は，また0であることに注意する。二つのエントロピー間の差は 0.150 W/K であり，壁の両側の空気層で生成されたエントロピーを表す。この場合のエントロピー生成は，有限の温度差による不可逆な熱移動に起因している。

両側のエクセルギーは以下のように求めることができる。

$$\dot{E}_1 = \left(1 - \frac{T_0}{T_1}\right)\dot{Q} = \left(1 - \frac{298}{300}\right) \times 1\,035 = 6.90 \text{ W}$$

ここで，$T < T_0$ の場合は熱移動の方向が逆になるので，熱は $-\dot{Q}$ となり，エクセルギーは以下のようになる。

$$\dot{E}_2 = \left(1 - \frac{T_0}{T_2}\right)\dot{Q} = \left(1 - \frac{298}{273}\right) \times (-1\,035) = -94.78 \text{ W}$$

2.5 化学反応のエクセルギー

熱力学第2法則を用いると，**図2.14**に示すように，全エネルギーがΔHである燃料は，仕事になりうるエネルギーと，仕事にならずに熱になってしまうエネルギー$T\Delta S$に分けることができる。燃料電池などの場合には，直接，この$\Delta H - T\Delta S$が仕事（電気）に変換できるが，エンジンなどの熱機関の場合には，燃焼熱を仕事に変換することになる。この場合，周囲環境状態（$T = T_0$）に達するまでのエントロピー変化による熱の部分を差し引いた残りがエクセルギーEとなる。したがって，エクセルギー解析から考えると，設計開発上の種々の問題があるとしても，ハイブリッド自動車より燃料電池車のほうがエネルギー有効利用の可能性が大きいことになる。

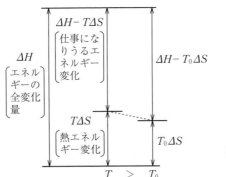

図2.14 化学反応のエクセルギー

2.5.1 ギブスエネルギー

化学プロセスでは温度，圧力が一定で行われる状態変化が多い。例えば化学反応や融解，蒸発，昇華などの相変化は，$T =$ 一定，$P =$ 一定で行われる。そこで化学プロセスでは，温度，圧力が一定の状態変化が実際のプロセス（不可逆プロセス）で起こるときと，平衡状態（可逆プロセス）の場合とが，簡単に区別できれば好都合であり，このため，質量一定の系について**ギブスエネル**

44　　2. エクセルギーによるエネルギー評価

ギー（Gibbs energy）という状態関数が導入される。

　閉じた系に外界より熱 Q を加え，仕事 W を外部にして，系の内部エネルギーが ΔU だけ変化したとすると，エネルギー収支はつぎのようになる。

$$Q = \Delta U + W \tag{2.40}$$

　系の変化が圧力一定で行われたときには，膨張仕事は $W = P\Delta V$ であるので，エネルギー収支はエンタルピー H を用いて次式で表される。

$$Q = \Delta U + P\Delta V = \Delta H \tag{2.41}$$

　つぎに，系のエントロピー変化を ΔS，熱量 Q は温度 T で加えられるとすると，系への移動エントロピーは Q/T，また系内の変化が不可逆プロセスであり，系内の発生エントロピーを S_G とする。系の温度が一定のときには，エントロピー収支は次式で表される。

$$\Delta S = \frac{Q}{T} + S_G \tag{2.42}$$

T を両辺に掛けると

$$T\Delta S = Q + TS_G \tag{2.43}$$

となる。式 (2.41) と式 (2.43) の差をとると，$T =$ 一定，$P =$ 一定で成立する次式が得られる。

$$\Delta H - T\Delta S = -TS_G \tag{2.44}$$

ここで，式 (2.44) の左辺を考慮してつぎのようにギブスエネルギーを定義する。

$$G = H - TS \tag{2.45}$$

　$T =$ 一定，$P =$ 一定の系の状態変化は，ギブスエネルギーを用いるとつぎのように表される。

$$\Delta G = \Delta H - T\Delta S \tag{2.46}$$

ここで，ギブスエネルギー G は閉じた系で $T =$ 一定，$P =$ 一定のプロセスの変化の方向と平衡の基準を与える状態関数である。

　式 (2.44) は，式 (2.46) を用いるとつぎのようになる。

$$\Delta G = -TS_G \quad (T = \text{一定}, \ P = \text{一定}) \tag{2.47}$$

熱力学第2法則は系内の発生エントロピーを用いると

$S_G \geq 0$　（不等号は不可逆，等号は可逆）

である。したがって，式(2.47)は，つぎに示すギブスエネルギー G による判定基準を与える。

$$(\Delta G)_{T,P} \leq 0 \text{ または } (dG)_{T,P} \leq 0 \qquad (2.48)$$

この式は図2.15に示すように，系の状態変化が温度と圧力が一定で行われるとき，系の変化はギブスエネルギーが減少（$dG<0$）する方向に起こり，ギブスエネルギーが極小（$dG=0$）のとき平衡状態となることを表す。

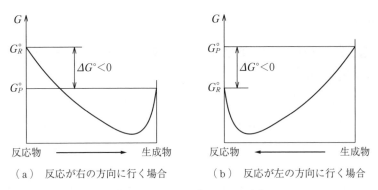

（a）反応が右の方向に行く場合　　（b）反応が左の方向に行く場合

図2.15　ギブスエネルギーの変化

2.5.2　標準反応ギブスエネルギー

反応が標準状態すなわち，温度 $T_0 = 298.15\,\text{K}$，圧力 $P_0 = 101.325\,\text{kPa}$ の**反応物**（reactant）から，T_0，P_0 の**生成物**（product）への変化が行われる場合，反応物，生成物の T_0，P_0 におけるモル標準生成ギブスエネルギーがわかると，反応によるギブスエネルギー変化である標準反応ギブスエネルギーを求めることができる。

以下に示す反応が温度 $T_0 = 298.15\,\text{K}$，圧力 $P_0 = 101.325\,\text{kPa}$ の標準状態で行われるとする。ここで，ν は化学方程式の化学量論係数である。

$$\begin{array}{rcl}
(\text{反応物}) & \longrightarrow & (\text{生成物}) \\
\nu_A A + \nu_B B & \longrightarrow & \nu_C C + \nu_D D
\end{array}$$

46   2. エクセルギーによるエネルギー評価

反応の標準ギブスエネルギー変化 ΔG_{298}° は次式で表される。

$$\Delta G_{298}^{\circ} = \Delta H_{298}^{\circ} - T_0 \Delta S_{298}^{\circ} \tag{2.49}$$

ここで，ΔH_{298}° は標準反応エンタルピー，ΔS_{298}° は標準反応エントロピーである。それらは次式を用いて求めることができる。

$$\Delta H_{298}^{\circ} = \sum \nu_P \Delta H_f^{\circ} - \sum \nu_R \Delta H_f^{\circ} \tag{2.50}$$

$$\Delta S_{298}^{\circ} = \sum \nu_P S_f^{\circ} - \sum \nu_R S_f^{\circ} \tag{2.51}$$

標準反応エントロピー ΔS_{298}° はそれぞれ物質の 298 K，101.325 kPa における標準生成エンタルピー ΔH_f° および絶対エントロピー S_f° を用いて計算できるが，詳細は化学工学に関する専門書などを参照されたい。

例題 2.7　**メタノールの合成または分解反応は，常温，常圧でどちらに進行するかを調べる。**

$$CO \ (g) + 2H_2 \ (g) \longleftrightarrow CH_3OH \ (L)$$

ただし，298 K，101.3 kPa におけるこの反応の標準反応エンタルピーは $\Delta H_{298}^{\circ} = -128.28 \ kJ/mol$，標準反応エントロピーは $\Delta S_{298}^{\circ} = -331.88 \ J/(mol \cdot K)$ である。

解　反応は $T=$ 一定，$P=$ 一定で行われ，系の質量は一定（質量不変の法則）であるから閉じた系である。反応が矢印の方向へ進むかどうかはギブスエネルギーの判定基準式 (2.48) より，反応のギブスエネルギー変化が負，$\Delta G_T < 0$ のとき右の方向へ進行する。

$T=298 \ K$，$P=101.3 \ kPa$ での標準反応ギブスエネルギー ΔG_{298}° は，式 (2.49) を用いて求めると

$$\begin{aligned}\Delta G_{298}^{\circ} &= \Delta H_{298}^{\circ} - T\Delta S_{298}^{\circ} \\ &= -128.28 \ kJ/mol - 298 \ K \times (-0.331\,88 \ kJ/(mol \cdot K)) \\ &= -29.38 \ kJ/mol < 0\end{aligned}$$

となり，反応は右の方向へ進行し，メタノールを生成する方向に進む。　　◆

2.5.3　化学反応を伴うエクセルギー収支

反応が標準状態すなわち，温度 $T_0 = 298.15 \ K$，圧力 $P_0 = 101.325 \ kPa$ の反応

2.5 化学反応のエクセルギー　47

物から，T_0，P_0 の生成物への変化が行われる場合，反応物，生成物の T_0，P_0 におけるモル標準化学エクセルギーがわかると，反応によるエクセルギー変化である標準反応エクセルギーを求めることができる。

反応の標準化学エクセルギー変化 ΔE_{298}° は，生成物（P）と反応物（R）の T_0，P_0 における標準化学エクセルギーを $\Delta E_{\mathrm{P}}^{\circ}(T_0, P_0)$ および $\Delta E_{\mathrm{R}}^{\circ}(T_0, P_0)$ として次式で与えられる。

$$\Delta E_{298}^{\circ} = \sum \nu_{\mathrm{P}} E_{\mathrm{P}}^{\circ}(T_0, P_0) - \sum \nu_{\mathrm{R}} E_{\mathrm{R}}^{\circ}(T_0, P_0) \tag{2.52}$$

物質一般の標準化学エクセルギーを求めるには，反応が 25℃ の標準状態で行われる場合に限って反応をめぐるエネルギー収支とエントロピー収支から得られる次式が利用できる。

$$\Delta E_{298}^{\circ} = \Delta G_{298}^{\circ} \tag{2.53}$$

ここで，ΔG_{298}° は反応の標準ギブスエネルギー変化を表す標準反応ギブスエネルギーである。式 (2.53) は反応が 25℃ の標準状態で行われるときには，標準反応エクセルギー ΔE_{298}° は ΔG_{298}° に一致することを示している。標準反応ギブスエネルギー ΔG_{298}° は，熱力学により標準生成ギブスエネルギー ΔG_f° を用いて求められる（式 (2.54)）。

$$\Delta G_{298}^{\circ} = \sum \nu_{\mathrm{P}} \Delta G_f^{\circ} - \sum \nu_{\mathrm{R}} \Delta G_f^{\circ} \tag{2.54}$$

温度反応が T_0 ではなく温度 T，圧力 $P_0 = 101.3\,\mathrm{kPa}$ で行われるときの標準化学エクセルギー変化 $\Delta E_{\mathrm{T}}^{\circ}$ は，生成物と反応物の T，P° における標準化学エクセルギーを $\Delta E_{\mathrm{P}}^{\circ}(T, P^{\circ})$ および $\Delta E_{\mathrm{R}}^{\circ}(T, P^{\circ})$ として次式で与えられる。

$$\Delta E_{\mathrm{T}}^{\circ} = \sum \nu_{\mathrm{P}} E_{\mathrm{P}}^{\circ}(T, P_0) - \sum \nu_{\mathrm{R}} E_{\mathrm{R}}^{\circ}(T, P_0) \tag{2.55}$$

ここで，各物質の温度 T，圧力 P_0 における標準化学エクセルギー $E^{\circ}(T, P_0)$ は，温度 T_0，圧力 P_0 における標準化学エクセルギー $E^{\circ}(T_0, P_0)$ を既知として，次式で求められる。

$$E^{\circ}(T, P_0) = E^{\circ}(T_0, P_0) + C_{\mathrm{P}}(T - T_0) - T_0 C_{\mathrm{P}} \ln \frac{T}{T_0} \tag{2.56}$$

式 (2.56) は，反応のエクセルギー変化は反応に必要な最小有効仕事，ある

48　　2. エクセルギーによるエネルギー評価

いは反応によってなされる最大有効仕事である。

反応が温度 T_0，圧力 P_0（101.3 kPa）の標準状態で行われる場合には次式が成立する。

$$\Delta E_{298}^{\circ} = \Delta E_U = \Delta E_H = \Delta G_{298}^{\circ} \tag{2.57}$$

すなわち，温度 T_0，圧力 P_0 で行われる反応のエクセルギー変化である標準反応エクセルギーを ΔE_{298}° とするとつぎのように表される。

$$\Delta E_{298}^{\circ} = \sum \nu_P E_P^{\circ}(T_0, P_0) - \sum \nu_R E_R^{\circ}(T_0, P_0) \tag{2.58}$$

式 (2.58) において，右辺第 1 項は全生成物の標準化学エクセルギー，右辺第 2 項は全反応物の標準化学エクセルギーである。

さて，反応が流れ系で行われるときには，反応のエクセルギー変化はエンタルピーのエクセルギー変化 ΔE_H で表される（式 (2.59)）。

$$\begin{aligned}
\Delta E_H = E_{H2} - E_{H1} &= (H_2 - T_0 S_2) - (H_1 - T_0 S_1) \\
&= (U_2 + P_0 V_2 - T_0 S_2) - (U_1 + P_0 V_1 - T_0 S_1)
\end{aligned} \tag{2.59}$$

また反応が閉じた系で行われるときには，反応のエクセルギー変化は内部エネルギーのエクセルギー変化 ΔE_U で表される（式 (2.60)）。

$$\Delta E_U = E_{U2} - E_{U1} = (U_2 + P_0 V_2 - T_0 S_2) - (U_1 + P_0 V_1 - T_0 S_1) \tag{2.60}$$

式 (2.59)，(2.60) より

$$\Delta E_H = \Delta E_U \tag{2.61}$$

となる。さらに，標準反応ギブスエネルギー変化を ΔG_{298}° とすると

$$\Delta G_{298}^{\circ} = \sum \nu_P G_P^{\circ}(T_0, P_0) - \sum \nu_R G_R^{\circ}(T_0, P_0) \tag{2.62}$$

$$\begin{aligned}
\Delta G_{298}^{\circ} = G_2 - G_1 &= (H_2 - T_0 S_2) - (H_1 - T_0 S_1) \\
&= (U_2 + P_0 V_2 - T_0 S_2) - (U_1 + P_0 V_1 - T_0 S_1)
\end{aligned} \tag{2.63}$$

となり，式 (2.58) ～ (2.63) より，反応が T_0，P_0 の標準状態で行われたときには式 (2.53) が成立する。

例題 2.8　**標準反応エンタルピーと標準反応ギブスエネルギー**

イソオクタンを酸素で燃焼させた場合の標準反応エンタルピーと標準反応ギ

2.5　化学反応のエクセルギー　　49

ブスエネルギーを求める。燃焼ガス中の H_2O は水蒸気とする。

解　イソオクタンの化学反応式は

$$C_8H_{18} + 12.5O_2 \longrightarrow 8CO_2 + 9H_2O \,〔g〕$$

である。付録 B. の付表 1 からそれぞれの標準生成エンタルピーの値を式 (2.50) に代入すると

$$\Delta H_{298}^{\circ} = (8\Delta H_{f,\,CO_2}^{\circ} + 9\Delta H_{f,\,H_2O}^{\circ}) - (\Delta H_{f,\,C_8H_{18}}^{\circ} + 12.5\Delta H_{f,\,O_2}^{\circ})$$

$$= [8 \times (-393.52) + 9 \times (-241.82)] - (-249.91 + 12.5 \times 0)$$

$$= -5\,074.63 \,\mathrm{kJ/mol}$$

となり，同様に，標準生成ギブスエネルギーの値を式 (2.54) に代入すると

$$\Delta G_{298}^{\circ} = (8\Delta G_{f,\,CO_2}^{\circ} + 9\Delta G_{f,\,H_2O}^{\circ}) - (\Delta G_{f,\,C_8H_{18}}^{\circ} + 12.5\Delta G_{f,\,O_2}^{\circ})$$

$$= [8 \times (-394.38) + 9 \times (-228.59)] - (6.61 + 12.5 \times 0)$$

$$= -5\,218.96 \,\mathrm{kJ/mol}$$

となる。したがって，標準反応エンタルピーと標準反応ギブスエネルギーの比は以下のようになる。

$$\frac{\Delta G_{298}^{\circ}}{\Delta H_{298}^{\circ}} = \frac{-5\,218.96}{-5\,074.63} = 1.028 \qquad\qquad ◆$$

2.5.4　ギブスエネルギー変化による電気的仕事

エネルギーの有効利用を考えるとき，系のギブスエネルギー変化が膨張仕事を除いた電気的仕事などを表すことは大事な点である。いままでは，膨張仕事 W だけを扱ってきた。今度は膨張仕事 W 以外に電気的仕事 W' が関係し，閉じた系から外界に膨張仕事 W と電気的仕事 W' を加え，また熱量 Q を外界から受けることで系の内部エネルギーが ΔU だけ変化したとすると，エネルギー収支はつぎのようになる。

$$Q = \Delta U + W + W' \qquad\qquad (2.64)$$

圧力 $P =$ 一定のプロセスを考えると，膨張仕事 W はつぎのようになる。

$$W = P\Delta V$$

したがって，式 (2.64) に含まれる $\Delta U + W$ は

$$\Delta U + W = \Delta U + P\Delta V = \Delta H$$

となり，これより，$P =$ 一定のときエネルギー収支はつぎのようになる。

50　　2. エクセルギーによるエネルギー評価

$$Q = \Delta H + W' \tag{2.65}$$

つぎに，エントロピー収支は，温度 $T=$ 一定のプロセスでは式 (2.42) より次式で表される。

$$\Delta S = \frac{Q}{T} + S_G \tag{2.66}$$

膨張仕事を除いた電気的仕事 W' を求めるために，式 (2.66) の両辺に温度 T を掛けると，つぎのようになる。

$$T\Delta S = Q + TS_G \tag{2.67}$$

この式の Q を式 (2.65) に代入して W' を求めると，$P=$ 一定，$T=$ 一定のとき電気的仕事 W' は次式で与えられる。

$$W' = -(\Delta H - T\Delta S) - TS_G = -\Delta G - TS_G \tag{2.68}$$

式 (2.68) に可逆プロセスに適用すると $S_G = 0$ であり，このとき W' は W'_{rev} となるので

$$W'_{\mathrm{rev}} = -\Delta G \tag{2.69}$$

となり，式 (2.69) は $P=$ 一定，$T=$ 一定でかつ可逆プロセスで変化が行われるとき，系のギブスエネルギー変化は膨張仕事を除いた電気的仕事の最大仕事 W'_{rev} を与えることを示す。

このとき，式 (2.68) と式 (2.69) との差をとると，損失仕事は次式で与えられる。

$$W'_{\mathrm{loss}} = W'_{\mathrm{rev}} - W' = TS_G \tag{2.70}$$

3 プロセスの エクセルギー解析

　本章では，各種のエネルギー変換機器のエクセルギー解析を例題とともに考える。まず，ボイラ，蒸気タービン，ガスタービンなどのエクセルギー解析を行う。ガスタービンの解析は第4章の過給システムにつながる。さらに，冷凍機・ヒートポンプの解析も行い，エアコンディショナの解析につなげる。燃料電池についても解析を行い，第5章の燃料電池自動車へと発展させる。

3.1 定常流れ系のエクセルギー解析

3.1.1 エネルギー収支とエクセルギー収支

図 3.1 に定常流れ系を示す。

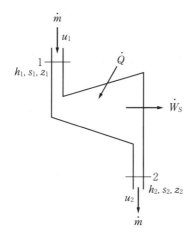

図 3.1 定常流れ系

52 3. プロセスのエクセルギー解析

〔1〕 **連続の式**（式 (3.1)）

$$\dot{m}_1 = \dot{m}_2 = \dot{m} \ \text{(kg/s)} \tag{3.1}$$

〔2〕 **エネルギー収支（熱力学第1法則）**（式 (3.2)）

$$\dot{m}\left(h_1 + \frac{u_1^2}{2} + gz_1\right) + \dot{Q} = \dot{m}\left(h_2 + \frac{u_2^2}{2}gz_2\right) + \dot{W}_S,$$

$$\dot{Q} - \dot{W}_S = \dot{m}\left[h_2 - h_1 + \frac{u_2^2 - u_1^2}{2} + g(z_2 - z_1)\right] \tag{3.2}$$

運動エネルギーと位置エネルギーが無視できるときには

$$\dot{Q} - \dot{W}_S = \dot{m}(h_2 - h_1) \ \text{(J/s)}$$

となる。ここで，熱量 $\dot{Q}$ 〔J/s〕，質量流量 $\dot{m}$ 〔kg/s〕，軸仕事 $\dot{W}_S$ 〔J/s〕，比エンタルピー h 〔J/kg〕，速度 u 〔m/s〕，高さ z 〔m〕とする。

〔3〕 **エントロピー収支（熱力学第2法則）**（式 (3.3)）

$$\Delta\dot{S} = \dot{m}(s_2 - s_1) = \frac{\dot{Q}}{T} + \dot{S}_G,$$

$$\frac{T_0}{T}\dot{Q} = \dot{m}T_0(s_2 - s_1) - T_0\dot{S}_G \tag{3.3}$$

ここで，T 〔K〕，T_0 〔K〕，物質に伴うエントロピー s 〔J/(kg·K)〕，系内の発生エントロピー $\dot{S}_G$ 〔J/(K·s)〕，熱の移動によるエントロピー：$\dot{Q}/T$ 〔J/(K·s)〕とする。

〔4〕 **エクセルギー収支（熱力学第1法則と第2法則の結合）**

式 (3.2) から式 (3.3) を引くと，つぎのエクセルギー収支を得る（式 (3.4)）。

$$\left(1 - \frac{T_0}{T}\right)\dot{Q} - \dot{W}_S = \dot{m}\left[h_2 - h_1 - T_0(s_2 - s_1) + \frac{u_2^2 - u_1^2}{2} + g(z_2 - z_1)\right] + T_0\dot{S}_G \tag{3.4}$$

式 (3.4) を改めてエクセルギーの記号 E で書き直すとつぎのようになる。

$$\dot{E}_{H2} - \dot{E}_{H1} = \dot{E}_Q - \dot{E}_W - \dot{E}_{\text{loss}},$$

$$\dot{E}_{H2} - \dot{E}_{H1} = \dot{m}\left[h_2 - h_1 - T_0(s_2 - s_1) + \frac{u_2^2 - u_1^2}{2} + g(z_2 - z_1)\right],$$

$$\dot{E}_Q = \left(1 - \frac{T_0}{T}\right)\dot{Q},$$

$$\dot{E}_W = \dot{W}_S,$$

$$\dot{E}_{\text{loss}} = T_0 \dot{S}_G \tag{3.5}$$

ここで，$\dot{E}_{H2} - \dot{E}_{H1}$ はエンタルピーのエクセルギー変化，$\dot{E}_Q$ は熱量のエクセルギー，$\dot{E}_W$ は軸仕事 $\dot{W}_S$ のエクセルギー，$\dot{E}_{\text{loss}}$ は消滅エクセルギーである。

〔5〕 **軸 出 力**

式 (3.2) を単位質量当りに直すと，次式になる。

$$h_2 - h_1 + \frac{u_2^2 - u_1^2}{2} + g(z_2 - z_1) = q - w_s \tag{3.6}$$

式 (3.3) から比エントロピー変化は

$$s_2 - s_1 = \frac{q}{T} + s_G,$$

$$T(s_2 - s_1) = q + Ts_G \tag{3.7}$$

となる。したがって，軸出力 w_s は式 (3.8) となる。

$$w_s = q + (h_1 - h_2) + \frac{u_1^2 - u_2^2}{2} + g(z_1 - z_2)$$

$$= (h_1 - h_2) - T(s_1 - s_2) + \frac{u_1^2 - u_2^2}{2} + g(z_1 - z_2) - Ts_G \tag{3.8}$$

熱力学第 1 法則から比エンタルピーを求めると

$$dq = dh - vdp,$$

$$dh = vdp + Tds$$

となり，温度一定の場合，比エンタルピーはつぎのようになる。

$$h_2 - h_1 = \int_1^2 vdp + T(s_2 - s_1) \tag{3.9}$$

したがって，軸出力は以下のようになる。

$$w_s = -\int_1^2 vdp + \frac{u_1^2 - u_2^2}{2} + g(z_1 - z_2) - Ts_G \tag{3.10}$$

3.1.2 廃熱回収システムのエクセルギー解析

図3.2の廃熱回収システムについてエクセルギー解析を行う。これはガスタービンなどの排熱を，蒸気タービンを用いて回収するシステムである。このシステムは，熱回収蒸気発生器と蒸気タービンとを組み合わせたものである。

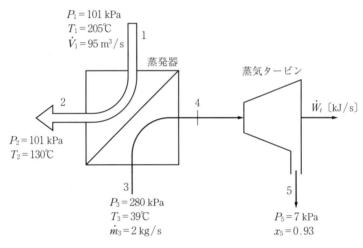

図3.2 廃熱回収システム

定常状態で，205℃，101 kPaの燃焼排ガスが95 m³/sの流量で蒸気発生器に流入する排ガスは，130℃，101 kPaで蒸気発生器を出る。一方，2 kg/sの質量流量の水は280 kPa，39℃で蒸気発生器に入り，熱交換をして蒸気となった後，蒸気タービンに入る。

タービン出口での圧力は7 kPaで，乾き度は93%である。蒸気発生器とタービンの外面からの熱伝達は，運動エネルギーおよび位置エネルギーの変化と同様に，無視することができる。蒸気発生器を通って流れる水には大きな圧力降下はない。燃焼排ガスは，$c_p = 1.005$ kJ/(kg·K)，$R = 0.287\,03$ kJ/(kg·K)の理想気体として空気としてモデル化することができる。

〔1〕 **燃焼排ガスの質量流量**

まず，質量流量$\dot{m}_1$をつぎに示すように入口1の条件と理想気体の状態方程式から求める。

$$\dot{m}_1 = \frac{\dot{V}_1}{v_1} = \frac{\dot{V}_1 P_1}{RT_1} = \frac{(95 \text{ m}^3/\text{s})(101.325 \text{ kPa})}{(0.287\,03 \text{ kJ}/(\text{kg}\cdot\text{K}))(478.15 \text{ K})} = 70.14 \text{ kg}/\text{s}$$

ガスと水の流れは混合しないので，それぞれの流れの質量速度にはつぎの関係がある。

$$\dot{m}_1 = \dot{m}_2, \quad \dot{m}_3 = \dot{m}_5$$

〔2〕 エネルギー収支

$(1 \rightarrow 2)$：

式 (3.2) より次式のようになる。

$$\dot{Q}_{12} - \dot{W}_{12} = \dot{m}_1 \left(h_2 - h_1 + \frac{u_2^2}{2} - \frac{u_1^2}{2} + gz_2 - gz_1 \right)$$

ただし，検査体積と外部の間には熱のやりとりがなく，外部に仕事をしない。また，運動エネルギーと位置エネルギーも無視すると

$$\dot{W}_{12} = 0, \quad \frac{u_1^2 - u_2^2}{2} = 0, \quad g(z_1 - z_2) = 0$$

であるから，熱流束 $\dot{Q}_{12}$ はつぎのようになる。

$$\dot{Q}_{12} = \dot{m}_1(h_2 - h_1),$$

$$h_2 - h_1 = c_p(T_2 - T_1) = (1.005 \text{ kJ}/(\text{kg}\cdot\text{K}))(130 - 205)\text{K} = -75.38 \text{ kJ}/\text{kg},$$

$$\dot{Q}_{12} = (70.14 \text{ kg}/\text{s})(-75.38 \text{ kJ}/\text{kg}) = -5\,286.6 \text{ kJ}/\text{s}$$

$(3 \rightarrow 4)$：

$$\dot{Q}_{12} + \dot{Q}_{34} = 0,$$

$$\dot{Q}_{34} = -\dot{Q}_{12} = 5\,286.6 \text{ kJ}/\text{s}$$

状態3では，水は液体である。表3.1の飽和蒸気のデータを使用すると

$$h_3 = 163.273 \text{ kJ}/\text{kg}$$

となり，仮定2とこれらの質量流量関係では，定常状態のエネルギー収支はつ

表 3.1 飽和蒸気表

T 〔℃〕	P 〔kPa〕	h_f 〔kJ/kg〕	h_g 〔kJ/kg〕	s_f 〔kJ/(kg·K)〕	s_g 〔kJ/(kg·K)〕
39	—	163.273	2 572.6	0.558 76	8.277 15
—	7	163.376	2 572.6	0.559 09	8.276 69

56   3. プロセスのエクセルギー解析

ぎのようになる。

$$\dot{Q}_{12} + \dot{Q}_{34} = \dot{m}_1(h_1 - h_2) + \dot{m}_3(h_3 - h_4) = 0$$

h_4 について解いて

$$h_4 = h_3 + \frac{\dot{m}_1}{\dot{m}_3}(h_1 - h_2) = (163.273\,\text{kJ/kg}) + \frac{(70.14\,\text{kg/s})}{(2\,\text{kg/s})}(75.38\,\text{kJ/kg})$$

$$= 2\,806.6\,\text{kJ/kg}$$

を得る。

$(4 \rightarrow 5)$：

状態5は，2相の液体・蒸気混合物である。表3.1の7 kPa の飽和データを $x_5 = 0.93$ で使用すると，h_5 が得られる。

$$h_5 = h_{f5} + x_5(h_{g5} - h_{f5}) = (163.376\,\text{kJ/kg}) + 0.93 \times (2\,572.6 - 163.376)\text{kJ/kg}$$

$$= 2\,404.0\,\text{kJ/kg}$$

したがって，タービンの出力 $\dot{W}_t$ は以下のようになる。

$$\dot{W}_t = \dot{m}_3(h_4 - h_5) = (2\,\text{kg/s})(2\,806.6 - 2\,404.0)\text{kJ/kg} = 805.2\,\text{kJ/s}$$

〔3〕 **エクセルギー収支**

燃焼生成物を理想気体としてモデル化すると，エクセルギー変化は

$$\dot{E}_1 - \dot{E}_2 = \dot{m}_1(e_1 - e_2) = \dot{m}_1\left[h_1 - h_2 - T_0(s_1 - s_2)\right] = \dot{m}_1 c_p\left[(T_1 - T_2) - T_0\ln\frac{T_1}{T_2}\right]$$

となり，数値を代入して以下が得られる。

$$\dot{E}_1 - \dot{E}_2 = (70.14\,\text{kg/s})\,(1.005\,\text{kJ/(kg·K)})$$

$$\times\left[(205 - 130)\,\text{K} - (298\,\text{K})\ln\frac{478.15\,\text{K}}{403.15\,\text{K}}\right] = 1\,700.94\,\text{kJ/s}$$

h_5 と同様に表3.1の7 kPa の飽和データを用いて s_5 が得られる。

$$s_5 = s_{f5} + x_5(s_{g5} - s_{f5})$$

$$= (0.559\,09\,\text{kJ/(kg·K)}) + 0.93 \times (8.276\,69 - 0.559\,09)\text{kJ/(kg·K)}$$

$$= 7.736\,5\,\text{kJ/(kg·K)}$$

$\dot{W}_t$ の仕事をした後，次式のように $\dot{E}_5 - \dot{E}_3$ のエクセルギーが大気に放出される。

$$\dot{E}_5 - \dot{E}_3 = \dot{m}_3(e_5 - e_3) = \dot{m}_3[h_5 - h_3 - T_0(s_5 - s_3)],$$

$$\dot{E}_5 - \dot{E}_3 = (2\ \text{kg}/\text{s})[(2\,404.0 - 163.27)\text{kJ}/\text{kg}$$

$$- (298\ \text{K})(7.736 - 0.559)\text{kJ}/(\text{kg}\cdot\text{K})] = 201.3\ \text{kJ}/\text{s}$$

〔4〕 **熱回収蒸気発生器におけるエクセルギー消滅**

蒸気発生器を取り囲む検査体積におけるエクセルギー収支から，熱回収蒸気発生器でエクセルギーが消滅することがわかる。それは

$$\sum_j \left(1 - \frac{T_0}{T_j}\right)\dot{Q}_j - \dot{W}_{cv} + \dot{m}_1(e_1 - e_2) + \dot{m}_3(e_3 - e_4) - \dot{I}_{34} = 0 \qquad (3.11)$$

蒸気発生器では，外部との熱や仕事はないので

$$\sum_j \left(1 - \frac{T_0}{T_j}\right)\dot{Q}_j = 0, \quad \dot{W}_{cv} = 0$$

となり，消滅したエクセルギー $\dot{I}_{34}$ は次式のようになる。

$$\dot{I}_{34} = \dot{m}_1(e_1 - e_2) + \dot{m}_3(e_3 - e_4) \qquad (3.12)$$

数値を代入して以下が得られる。

$$\dot{I}_{34} = 1\,700.94\ \text{kJ}/\text{s} - 1\,398.24\ \text{kJ}/\text{s} = 302.70\ \text{kJ}/\text{s}$$

〔5〕 **蒸気タービンにおけるエクセルギー消滅**

最後に，タービン内で消滅するエクセルギー（式 (3.14)）は，タービンを囲む検査体積に適用されるエクセルギー収支（式 (3.13)）から得ることができる。

$$\sum_j \left(1 - \frac{T_0}{T_j}\right)\dot{Q}_j - \dot{W}_{cv} + \dot{m}_4(e_4 - e_5) - \dot{I}_{45} = 0 \qquad (3.13)$$

このとき，検査体積と外部との間には熱移動はないので

$$\sum_j \left(1 - \frac{T_0}{T_j}\right)\dot{Q}_j = 0$$

となり，タービンのエクセルギー収支は式 (3.13) から次式のようになる。

$$\dot{I}_{45} = - \dot{W}_{cv} + \dot{m}_4(e_4 - e_5) = - \dot{W}_{cv} + \dot{m}_4[h_4 - h_5 - T_0(s_4 - s_5)] \qquad (3.14)$$

数値を代入して以下が得られる。

$$\dot{I}_{45} = -805.23 \,\text{kJ/s} + 2\,\text{kg/s} \times [(2\,806.57 - 2\,403.95)\text{kJ/kg}$$
$$- 298\,\text{K} \times (7.079 - 7.736)\text{kJ/(kg·K)}] = 391.68\,\text{kJ/s}$$

以上のエクセルギー収支を図 3.3 にまとめる。入力したエクセルギーの約 53% が不可逆性によって消滅するか，またはタービンの排気となるので，熱力学的性能を改善する余地があることを示唆している。設計を変更することによって，よりよい熱力学的性能は達成されうる。しかし，熱力学的性能だけでは決まらないので，コストなどの他の要因を考慮しなければならない。

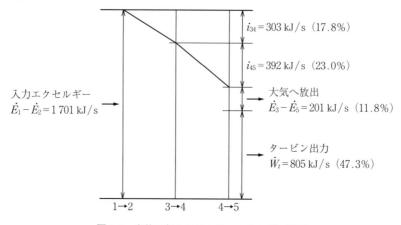

図 3.3　廃熱回収システムのエクセルギー収支

3.2　ボイラのエクセルギー解析

ボイラのエンタルピー収支とエクセルギー収支を計算する。ただし，dead state では，$T_0 = 25.0\,°\!\text{C}$，$P_0 = 101.325\,\text{kPa}$ とする。表 3.2 にボイラの計算条件を示す。ボイラの構成を図 3.4 に示す。飽和蒸気表を表 3.3 に示す。

〔1〕　燃料のエンタルピーとエクセルギーの計算

$$\dot{H}_F = \dot{m}_F H_l + \dot{m}_F C_{PF}(T - T_0) = 1.0 \times [42\,185 + 1.886 \times (66.0 - 25.0)]$$
$$= 42\,262.3\,\text{kJ/s}$$

3.2 ボイラのエクセルギー解析

表 3.2 ボイラの計算条件

入　　力	出　　力
［燃料（重油）］ 温　　度：$T_F = 66.0℃$ 質量流量：$\dot{m}_F = 1.0 \text{ kg/s}$ 高発熱量：$Q_{HHV} = 45\,126 \text{ kJ/kg}$ 低発熱量：$Q_{LHV} = 42\,185 \text{ kJ/kg}$ 定圧比熱：$C_{PF} = 1.886 \text{ kJ/(kg·K)}$	［蒸　気］ 温　　度：$T_S = 317.0℃$ 圧　　力：$P_S = 3.0 \text{ MPa}$ 質量流量：$\dot{m}_S = \dot{m}_W$
［空　気］ 温　　度：$T_A = T_0$ 圧　　力：$P_A = P_0$ 質量流量：$\dot{m}_A = 15.04 \text{ kg/s}$ 定圧比熱：$C_{PA} = 1.005 \text{ kJ/(kg·K)}$	［排　気］ 温　　度：$T_g = 206.0℃$ 圧　　力：$P_g = P_0$ 質量流量：$\dot{m}_g = \dot{m}_F + \dot{m}_A$ 定圧比熱：$C_{Pg} = 1.380 \text{ kJ/(kg·K)}$
［水］ 温　　度：$T_W = 105.0℃$ 圧　　力：$P_W = 3.0 \text{ MPa}$ 質量流量：$\dot{m}_W = 14.60 \text{ kg/s}$	

（株）MIC 武田技術士事務所（2015）のデータ提供による。

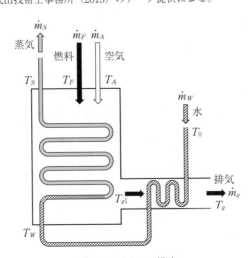

図 3.4　ボイラの構成

表 3.3　飽 和 蒸 気 表

	T [℃]	P [MPa]	h [kJ/kg]	s [kJ/(kg·K)]
飽 和 水	25.0	0.1	104.767	0.367 01
飽 和 水	105.0	3.0	442.9	1.361
飽和蒸気	317.0	3.0	3 042.0	6.630

燃料の標準化学エクセルギーは Rant の近似式を用いて求める。

$$E_F^° = 0.975 H_h \quad (25℃, \ 101.325\,\text{kPa})$$

したがって，燃料のエクセルギーは以下のようになる。

$$\dot{E}_F = 0.975\dot{m}_F H_h + \dot{m}_F C_{PF}\left[(T - T_0) - T_0\ln\frac{T}{T_0}\right]$$

$$= 1.0 \times \left[0.975 \times 45\,126 + 1.886 \times \left(66.0 - 25.0 - 298 \times \ln\frac{339}{298}\right)\right]$$

$$= 44\,002.7\ \text{kJ} / \text{s}$$

〔2〕 **空気のエンタルピーとエクセルギーの計算**（$T_A = T_0$）

$$\dot{H}_A = \dot{m}_A C_{PA}(T_A - T_0) = 0,$$

$$\dot{E}_A = \dot{m}_A C_{PA}\left[(T_A - T_0) - T_0\ln\frac{T_A}{T_0}\right] = 0$$

〔3〕 **水のエンタルピーとエクセルギーの計算**

$$\dot{H}_W = \dot{m}_W(h_w - h_0) = 14.6 \times (442.9 - 104.767) = 4\,936.74\ \text{kJ} / \text{s},$$

$$\dot{E}_W = \dot{m}_W[h_w - h_0 - T_0(s_w - s_0)]$$

$$= 14.6 \times [442.9 - 104.767 - 298 \times (1.361 - 0.367\,01)] = 609.913\ \text{kJ} / \text{s}$$

〔4〕 **蒸気のエンタルピーとエクセルギーの計算**

$$\dot{H}_S = \dot{m}_S(h_s - h_0) = 14.6 \times (3\,042 - 104.767) = 42\,883.6\ \text{kJ} / \text{s},$$

$$\dot{E}_S = \dot{m}_S[h_s - h_0 - T_0(s_s - s_0)]$$

$$= 14.6 \times [3\,042 - 104.767 - 298 \times (6.63 - 0.367\,01)] = 15\,620.9\ \text{kJ} / \text{s}$$

〔5〕 **排気のエンタルピーとエクセルギーの計算**

$$T_{g1} = T_0 + \frac{\dot{H}_W}{\dot{m}_g C_{Pg}} = 298 + \frac{4\,936.74}{16.04 \times 1.380} = 521.2\ \text{K},$$

$$\dot{H}_g = \dot{m}_g C_{Pg}(T_{g1} - T_0) = 16.04 \times 1.38 \times (521.2 - 298) = 4\,936.74\ \text{kJ} / \text{s},$$

$$\dot{E}_g = \dot{m}_g C_{Pg}\left[(T_{g1} - T_0) - T_0\ln\frac{T_{g1}}{T_0}\right]$$

$$= 16.04 \times 1.38 \times \left[(521.2 - 298) - 298 \times \ln\frac{521.2}{298}\right] = 1\,251.08\ \text{kJ} / \text{s}$$

3.2 ボイラのエクセルギー解析

〔6〕 ボイラのエネルギー効率とエクセルギー効率

$$\eta_H = \frac{\dot{H}_S}{\dot{H}_F + \dot{H}_W} = 0.9086,$$

$$\eta_E = \frac{\dot{E}_S}{\dot{E}_F + \dot{E}_W} = 0.3501$$

表3.4 エンタルピー収支

エンタルピー入力			エンタルピー出力		
	〔MJ/s〕	〔%〕		〔MJ/s〕	〔%〕
燃 料	42.26	89.5	蒸 気	42.88	90.9
空 気	0	0	廃 棄	0	0
水	4.94	10.5	損 失	4.32	9.1
合 計	47.20	100.0	合 計	47.20	100.0

表3.5 エクセルギー収支

エクセルギー入力			エクセルギー出力		
	〔MJ/s〕	〔%〕		〔MJ/s〕	〔%〕
燃 料	44.00	98.6	蒸 気	15.62	35.0
空 気	0	0	排 気	1.25	2.8
水	0.61	1.4	損 失	27.74	62.2
合 計	44.61	100.0	合 計	44.61	100.0

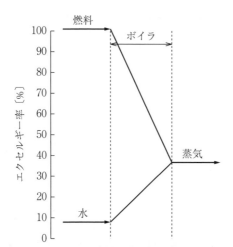

図3.5 ボイラのエクセルギー収支

エンタルピー収支を**表 3.4** に，エクセルギー収支を**表 3.5** に示す。また，ボイラのエクセルギー収支を**図 3.5** に示す。

3.3 蒸気タービンのエクセルギー解析

不可逆的なタービンとポンプを備えた単純なランキン蒸気動力サイクル（ランキンサイクル）の機器概略図と T-s 線図を**図 3.6** に示す。

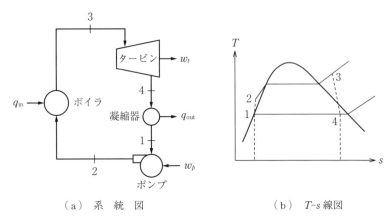

（a）系 統 図　　　　　（b）T-s 線図

図 3.6　ランキンサイクル

T-s 線図上の番号付けされた状態に基づいて，定常状態のボイラ，タービン，凝縮器，およびポンプの基本的なエネルギー関係は次式のとおりである。

$$q_{in} = h_3 - h_2, \quad w_t = h_4 - h_3, \quad q_{out} = h_1 - h_4, \quad w_p = h_2 - h_1 \tag{3.15}$$

運動エネルギーと位置エネルギーは無視する。タービンおよびポンプの熱力学第 1 法則効率は次式のように表される。

$$\eta_{1t} = \frac{h_3 - h_{4a}}{h_3 - h_{4s}} \tag{3.16}$$

$$\eta_{1p} = \frac{h_{2s} - h_1}{h_{2a} - h_1} \tag{3.17}$$

ここで，$e = h - T_0 s$ である。

ランキンサイクルのエクセルギー収支は以下のとおりである。

ボイラ ： $(2 \rightarrow 3)$　　$e_2 + q_{\text{in}}\left(1 - \dfrac{T_0}{T}\right) = e_3 + i_{23}$

タービン：$(3 \rightarrow 4)$　　$e_3 = e_4 + w_t + i_t$

タービンの出力は以下のようになる。

　　$w_t = e_3 - e_4 - i_t$

凝縮器 ： $(4 \rightarrow 1)$　　$e_4 = e_1 - q_{\text{out}}\left(1 - \dfrac{T_0}{T}\right) + i_{41}$

ポンプ ： $(1 \rightarrow 2)$　　$e_1 - w_p = e_2 + i_{12}$

ポンプに供給する仕事は以下のようになる。

　　$-w_p = e_2 - e_1 + i_{12}$

したがって，熱力学第 2 法則効率は以下のようになる。

$$\eta_{\text{II}} = \frac{w_t - w_p}{e_3 - e_2} \tag{3.18}$$

ボイラ流れと凝縮器流れの不可逆性は無視する。これらの関係の使用を以下の例題に示す。

例題 3.1　**ランキンサイクルのエクセルギー解析**

単純な蒸気動力サイクルは，ボイラ過熱器で蒸気を 14.0 MPa および 560℃で生成し，蒸気を 6.0 kPa で凝縮させる。凝縮器に必要な冷却水には，18℃から 28℃ までの温度上昇がある。サイクルに適したエネルギー解析とエクセルギー解析を行う。

解

〔1〕 **エネルギー収支**

　　$q_{\text{in}} = h_3 - h_2 = 3\,486.0 - 171.6 = 3\,314.4 \text{ kJ/kg},$

　　$w_t = h_3 - h_4 = 3\,486.0 - 2\,249.0 = 1\,237.0 \text{ kJ/kg},$

　　$w_p = h_2 - h_1 = 171.6 - 151.5 = 20.1 \text{ kJ/kg}$

表 3.6 に，$T_0 = 25℃$ での dead state の四つの状態での主要な特性値をまとめている。状態はサイクルの図に従って番号が付けられている。エネルギー収支は**表 3.7**（a）に示されている。これらのデータに基づくおもな項目として，ポンプを駆動するための非常に少量のタービン仕事を示す。バックワーク率はつぎのとおりである。

3. プロセスのエクセルギー解析

表3.6 蒸気出力サイクルの物性値

状態	t [℃]	P [bars]	h [kJ/kg]	s [kJ/(kg·K)]	e [kJ/kg]
1	36.2	0.06	151.5	0.521 0	0.8
2	36.5	140.0	171.6	0.540 4	15.1
3	560.0	140.0	3 486.0	6.594 1	1 524.6
4	36.2	0.06	2 249.0	7.301 2	76.7
0	25.0	1.00	104.9	0.367 4	0.0

表3.7 蒸気出力サイクルの解析結果

(a) エネルギー収支 [kJ/kg]

入力エネルギー		出力エネルギー	
ボイラ加熱	3 314.4	凝縮器冷却	2 097.5
ポンプ仕事	20.1	タービン仕事	1 237.0
合　計	3 334.5	合　計	3 334.5

(b) エクセルギー収支 [kJ/kg]

機　器	q	w	Δe	i
ボイラ	3 314.4		1 509.5	0.0
タービン		−1 237.0	−1 447.9	210.9
凝縮器	−2 097.5		−75.9	0.0
ポンプ		20.1	14.3	5.8
合　計	1 216.9	−1 216.9	0.0	216.7

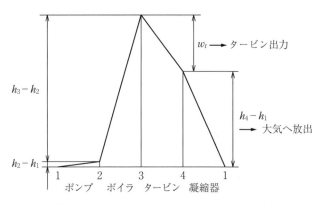

図3.7 ランキンサイクルのエネルギーフロー

$$\frac{w_p}{w_t} = \frac{20.1}{1\,237.0} = 0.016$$

熱力学第1法則効率は

$$\eta_{\mathrm{I}} = \frac{w_t - w_p}{q_{\mathrm{in}}} = \frac{1\,237.0 - 20.1}{3\,314.4} = 0.367$$

である。加えられた熱の63%が凝縮器冷却流中で除去されることを示している。

ランキンサイクルのエネルギーフローを**図3.7**に示す。

〔2〕 **エクセルギー収支**

エクセルギー解析により，ランキンサイクルに関するより多くの情報が明らかになる。表3.5において，dead state のエクセルギーを $e_0 = 0$ として，他の状態のエクセルギーは相対値を表している。エクセルギー入力であるボイラにおけるエクセルギー変化は，つぎのように e_2 と e_3 の差である。

$$e_{\mathrm{in}} = e_3 - e_2 = 1\,524.6 - 15.1 = 1\,509.5\,\mathrm{kJ/kg}$$

表3.7（b）に各装置におけるエクセルギー変化をまとめてある。凝縮器のエクセルギーの損失は最小限であり，ボイラのエクセルギー入力の5%に相当する。エネルギー損失は大きいが，凝縮器にはわずかなエクセルギー損失しか発生しない。これは，25℃の環境に対して，水が凝縮するにつれて低温（36℃）になるからである。

ランキンサイクルのエクセルギーフローを**図3.8**に示す。このサイクルの熱力学第2法則効率は，つぎに示すように80.6%となる。

$$\eta_{\mathrm{II}} = \frac{w_t - w_p}{e_{\mathrm{in}}} = \frac{1\,216.9}{1\,509.5} = 0.806 \qquad \blacklozenge$$

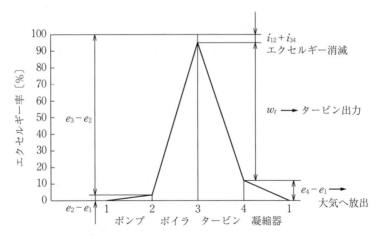

図3.8 ランキンサイクルのエクセルギーフロー

3.4 ガスタービンのエクセルギー解析

開放ガスタービンサイクルの機器概略図と T-s 線図を図3.9に示す。不可逆的な圧縮機およびタービンの性能は，T-s 線図上のプロセス (1-2a) および (3-4a) として示されている。

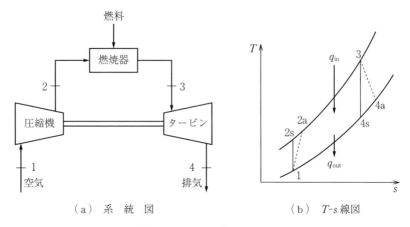

図3.9 ガスタービンサイクル

定常流圧縮機，燃焼器，およびタービンの基本的なエネルギー関係は

$$w_c = h_{2a} - h_1, \quad q_{comb} = h_3 - h_{2a}, \quad w_t = h_{4a} - h_3 \tag{3.19}$$

である。運動エネルギーと位置エネルギーは無視する。圧縮機およびタービンの第1法則断熱効率は下式のように表せる。

$$\eta_{1c} = \frac{h_{2s} - h_1}{h_{2a} - h_1} \tag{3.20}$$

$$\eta_{1t} = \frac{h_3 - h_{4a}}{h_3 - h_{4s}} \tag{3.21}$$

ここで，添字 a および s は，実際の状態と等エントロピー状態を表す。圧縮機，燃焼器，タービンのエクセルギー収支は

$$w_c = (e_{2a} - e_1) + i_{12},$$

$$\sum_i q_i \left(1 - \frac{T_0}{T_i}\right) = e_3 - e_{2a} + i_{23},$$

$$e_{4a} - e_3 = w_t - i_{34}$$

となり，熱力学第2法則効率は正味の出力と燃料のエクセルギーの比として表される。

$$\eta_{\mathrm{II}} = \frac{w_{\mathrm{net}}}{\Delta e_{\mathrm{fuel}}} = \frac{w_t - w_c}{e_3 - e_2} \tag{3.22}$$

燃料および空気の燃焼は，燃焼器壁を通る熱伝達としてモデル化され，燃焼器内の不可逆性は，第1次近似としてしばしば無視される。このモデルは，燃料自体のエクセルギーを考慮することによって，大幅に改善される可能性がある。

例題3.2　ガスタービンサイクルのエクセルギー解析

不可逆的なガスタービン発電プラントは，圧縮機およびタービン入口温度がそれぞれ22℃および807℃で，1.0 kPa および 640 kPa の圧力で作動する。圧縮機とタービンの仕事，燃焼器に供給される熱量，三つの装置全体のエクセルギー変化，および三つの装置すべてにおける不可逆性を決定する。

解　表3.8は，$T_0 = 25$℃の四つの状態の主要な特性値をまとめたものである。エントロピーおよびエクセルギーは，理想気体の関係式から計算される。i番目とj（$= i + 1$）番目の間のエントロピー変化とエクセルギー変化は次式で表される。

$$s_j - s_i = s_j^\circ - s_i^\circ - R \ln\left(\frac{P_j}{P_i}\right) \tag{3.23}$$

$$e_j - e_i = h_j - h_i - T_0(s_j - s_i) \tag{3.24}$$

ここで，s°は比絶対エントロピーを表している。s_1の値は任意に0に設定されてい

表3.8　ガスタービン出力サイクルの物性値

状態	T 〔K〕	P 〔kPa〕	h 〔kJ/kg〕	s 〔kJ/(kg·K)〕	e 〔kJ/kg〕
1	295	100	295.2	0	295.2
2	543	640	547.2	0.086 6	521.4
3	1 080	640	1 138.0	0.838 7	887.8
4	732	100	784.0	0.936 0	468.9

る。各エクセルギーの値は dead state からの相対値である。エネルギー収支とエクセルギー収支を**表3.9**に示す。圧縮機およびタービン内の不可逆性が見いだされる。

断熱の場合の不可逆性は $i = T_0 \Delta s$ となる。流れに摩擦がないと仮定して，燃焼器の不可逆性 i は 0 である。

表3.9 ガスタービン出力サイクルの解析結果
(a) エネルギー収支〔kJ/kg〕

入力エネルギー		出力エネルギー	
流体入口（状態1）	295.2	流体出口（状態4）	748.0
圧縮機仕事	252.0	圧縮機へ	252.0
入力熱量	590.8	正味仕事	138.0
合 計	1 138.0		1 138.0

（圧縮機へ＋正味仕事＝タービン仕事）

(b) エクセルギー収支〔kJ/kg〕

状態	機 器	q	w	Δe		i
1	入 口	—	—	e_1	295.2	—
1→2	圧縮機	—	252.0	$e_2 - e_1$	226.2	25.7
2→3	燃焼器	590.8	—	$e_3 - e_2$	366.4	—
3→4	タービン	—	−390.0	$e_4 - e_3$	−418.9	29.0
4	出 口	—	—	e_4	−468.9	—
		590.8	138.0		0.0	54.7

表3.9（a）のエネルギー解析はサイクルの入力と出力を説明している（**図3.10**）。これは，タービン排気ガスに大きなエネルギーが残っていることを示しており，第1

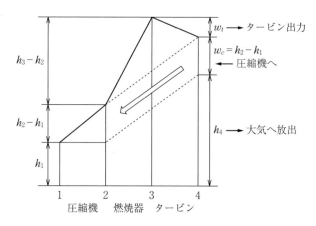

図3.10 ガスタービンサイクルのエネルギーフロー

法則効率は以下のように 23.4% である。

$$\eta_{\mathrm{I}} = \frac{w_{\mathrm{net}}}{q_{\mathrm{in}}} = \frac{138.0}{590.8} = 0.234$$

ただし，不可逆性やエクセルギー損失が性能に与える影響についての情報はない。サイクルのエクセルギー収支を表 3.9（b）に示す。データは，定常状態のエクセルギー収支に適用されると，より意味がある。入出力形式として式 (3.25) のように表せる。

$$\sum_i q_i \left(1 - \frac{T_0}{T_i}\right) + e_{\mathrm{in}} = e_{\mathrm{out}} - (w_t + w_c) + i_c + i_t \tag{3.25}$$

数値を代入すると，つぎのようになる。

$$\sum_i q_i \left(1 - \frac{T_0}{T_i}\right) + e_{\mathrm{in}} = 366.4 + 295.3 = 661.6 \,\mathrm{kJ/kg}$$

$$e_{\mathrm{out}} - (w_t + w_c) + i_c + i_t = 468.9 + 138.0 + 25.7 + 29.0 = 661.6 \,\mathrm{kJ/kg}$$

エクセルギー解析は，エネルギー収支よりはるかに明らかである。661.6 kJ/kg のエクセルギー入力は，正味出力の 138.0 kJ/kg と比較して，タービンにおけるエクセルギー変化は 468.9 kJ/kg であり，出力に比べて非常に大きい。圧縮機とタービンのエクセルギーの消滅は，重要ではなく，合計で 54.7 kJ/kg である。入口および排気の正味のエクセルギー率は 47% であり，不可逆性は燃焼器に加えられるエクセルギーの 15% である。これまでのところ，仕事量が多すぎるとタービン排気エクセルギーが失われる。そのサイクルのエクセルギーを説明するグラフを図 3.11 に示す。所望

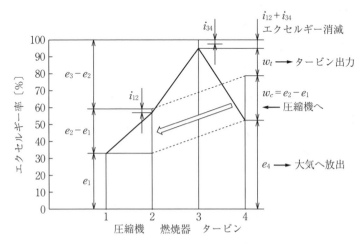

図 3.11　ガスタービンサイクルのエクセルギーフロー

の出力/必要入力ベースでのサイクルの熱力学第2法則効率は，つぎのとおりである。

$$\eta_{\mathrm{II}} = \frac{w_{\mathrm{net}}}{e_3 - e_2} = \frac{138.0}{366.4} = 0.377$$

したがって，熱伝達のエクセルギー入力の約1/3のみが有効な仕事出力に変換される。　　　　　　　　　　　　　　　　　　　　　　　　　　　　　◆

3.5　エアコンディショナのエクセルギー解析

エアコンディショナは熱機関とは逆に仕事を供給して，熱移動を行う装置である。エアコンディショナの基本サイクルである蒸気圧縮式冷凍サイクルは，**図3.12**に示すように，仕事Wを供給して，低温度T_Lの空間から熱量Q_Lをくみ上げ（あるいは吸収し），高温度T_Hの空間にQ_Hの熱量を供給する（あるいは廃棄する）。低熱源から熱量をくみ上げる装置を**冷凍機**（refrigerator），高熱源に熱量を供給する装置を**ヒートポンプ**（heat pump）という。本節では，エアコンディショナについてエクセルギー解析を行う。

ただし，エアコンディショナでは仕事は供給されるので，本来は$W<0$であるが，本節では理解しやすくするために$W>0$として扱うことにする。

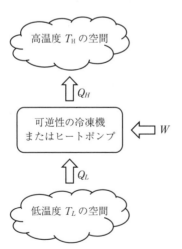

図3.12　冷凍機またはヒートポンプのエネルギーの流れ

3.5 エアコンディショナのエクセルギー解析　　71

3.5.1　冷凍サイクルおよびヒートポンプサイクルの成績係数

冷凍サイクルおよびヒートポンプサイクルに対するエネルギー収支とエントロピー収支は，以下のようになる。

エネルギー収支式　　：$Q_H = Q_L + W$ (3.26)

エントロピー収支式：$\Delta S = \dfrac{Q_L}{T_L} + \dfrac{-Q_H}{T_H} + S_G = 0$ (3.27)

発生エントロピー　　：$S_G = \dfrac{Q_H}{T_H} - \dfrac{Q_L}{T_L}$ (3.28)

ここで，冷凍サイクルおよびヒートポンプサイクルの可逆仕事はカルノー冷凍サイクルの仕事 $W_{\text{ref, rev}}$ およびカルノーヒートポンプサイクルの仕事 $W_{\text{HP, rev}}$ である（式 (3.29a)，(3.29b)）。

$$W_{\text{ref, rev}} = \frac{T_H - T_L}{T_L} Q_L$$ (3.29a)

$$W_{\text{HP, rev}} = \frac{T_H - T_L}{T_H} Q_H$$ (3.29b)

冷凍機およびヒートポンプの場合には，エクセルギーは投入する最小の仕事を表すことになる。周囲環境温度は，冷凍機の場合には $T_H = T_0$，ヒートポンプの場合には $T_L = T_0$ となる。したがって，それぞれに供給する最小の仕事，すなわちエクセルギーは以下のように表せる。

$$E_{\text{ref}} = W_{\text{ref, rev}} = \frac{T_0 - T_L}{T_L} Q_L$$ (3.30a)

$$E_{\text{HP}} = W_{\text{HP, rev}} = \frac{T_H - T_0}{T_H} Q_H$$ (3.30b)

実際の仕事はこれらの可逆仕事（エクセルギー）に発生エントロピーを考慮して求める（式 (3.31a)，(3.31b)）。

$$W_{\text{ref}} = E_{\text{ref}} + T_H S_G = \left(\frac{T_0}{T_L} - 1 \right) Q_L + T_0 S_G$$ (3.31a)

$$W_{\text{HP}} = E_{\text{HP}} + T_L S_G = \left(1 - \frac{T_0}{T_H} \right) Q_H + T_0 S_G$$ (3.31b)

損失仕事はどちらも $T_0 S_G$ となる（式 (3.32a), (3.32b)）。

$$W_{loss} = W_{ref} - E_{ref} = T_0 S_G \tag{3.32a}$$

$$W_{loss} = W_{HP} - E_{HP} = T_0 S_G \tag{3.32b}$$

冷凍機およびヒートポンプなどの仕事を入力して熱移動を行う場合は，入力仕事が小さく，移動熱量が大きいほうがよい。そこで，熱効率ではなく，**成績係数**（coefficient of performance：**COP**）を用いる。冷凍機の成績係数を COP_{ref}，ヒートポンプの成績係数を COP_{HP} とすると次式のように表せる。

$$COP_{ref} = \frac{Q_L}{W_{ref}} \tag{3.33a}$$

$$COP_{HP} = \frac{Q_H}{W_{HP}} \tag{3.33b}$$

それぞれの可逆サイクルの場合のCOPを図3.13に示す。例えば，電気自動車の暖房をジュール熱のみで行う場合には，電気のエクセルギー（質が高い）の100％を熱（質が低い）に変えることになるが，ヒートポンプを用いれば，外気のエクセルギーを取り入れることになるので，エクセルギーとしては有利になる。

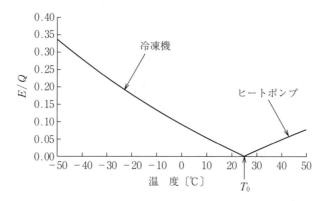

図3.13 冷凍機およびヒートポンプの単位熱量当りのエクセルギー

3.5.2 冷凍機およびヒートポンプの熱力学第2法則効率

熱力学第2法則効率は，エクセルギーと実際の仕事との比であるから

$$\eta_{\mathrm{II,\,ref}} = \frac{E_{\mathrm{ref}}}{W_{\mathrm{ref}}} = \frac{E_{\mathrm{ref}}}{E_{\mathrm{ref}} + I} \tag{3.34a}$$

$$\eta_{\mathrm{II,\,HP}} = \frac{E_{\mathrm{HP}}}{W_{\mathrm{HP}}} = \frac{E_{\mathrm{HP}}}{E_{\mathrm{HP}} + I} \tag{3.34b}$$

となる。ここで，$I = T_0 S_G$ である。したがって，冷凍機およびヒートポンプの第2法則効率は同じ形になる。

3.5.3 冷凍サイクルおよびヒートポンプサイクルのエクセルギー解析

非可逆圧縮機を用いた蒸気圧縮冷凍およびヒートポンプサイクルの装置概略図と $T\text{-}s$ 線図を図3.14に示す。運動エネルギーおよび位置エネルギーを無視すると，圧縮機（1→2），凝縮器（2→3），膨張弁（3→4），蒸発器（4→1）について，単位質量当りのエネルギー収支は以下のようになる。

(1→2)：$w_{\mathrm{in}} = h_2 - h_1$

(2→3)：$q_{\mathrm{out}} = h_3 - h_2$

(3→4)：$h_3 = h_4$

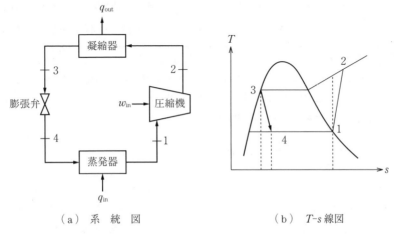

（a）系統図　　　　　　（b）$T\text{-}s$ 線図

図3.14 蒸気圧縮冷凍およびヒートポンプサイクル

74　　3.　プロセスのエクセルギー解析

$(4 \rightarrow 1)$：$q_{\text{in}} = h_1 - h_4$

同様に比エクセルギー収支は以下のとおりである。

$(1 \rightarrow 2)$：$e_1 + w_{\text{in}} = e_2 + i_{12}$

$(2 \rightarrow 3)$：$e_2 - q_{\text{out}}\left(1 - \dfrac{T_0}{T_2}\right) = e_3 + i_{23}$

$(3 \rightarrow 4)$：$e_3 = e_4 + i_{34}$

$(4 \rightarrow 1)$：$e_4 = e_1 - q_{\text{in}}\left(1 - \dfrac{T_0}{T_4}\right) + i_{41}$

装置を通る流れは，断熱的かつ摩擦のないものとすると，冷凍機およびヒートポンプの熱力学第2法則効率はつぎのようになる。

$$\eta_{\text{II, ref}} = \frac{e_1 - e_4}{w_{\text{in}}} \tag{3.35a}$$

$$\eta_{\text{II, HP}} = \frac{e_2 - e_3}{w_{\text{in}}} \tag{3.35b}$$

例題 3.3　**冷凍サイクルおよびヒートポンプサイクルのエクセルギー解析**

図 3.14 に示す蒸気圧縮冷凍サイクルにおいて，冷媒 R-134a の飽和蒸気が 0.20 MPa の断熱圧縮機に入り，0.80 MPa の飽和液体として凝縮器から出ていく。不可逆圧縮機を出る蒸気の温度は 43.2℃ であり，周囲温度は 25℃ である。このサイクルのエネルギー変化，エクセルギー変化および不可逆性を求める。

解　表 3.10 に四つの状態と dead state の主要な状態量がまとめられている。圧縮機は断熱的であると仮定して，サイクルのエネルギー収支を**表 3.11**（a）に示す。また，熱力学第1法則からは，つぎのとおり COP の値が求まる。

$$\text{COP}_{\text{ref}} = \frac{h_1 - h_4}{h_2 - h_1} = \frac{241.30 - 93.42}{277.08 - 241.30} = 4.13,$$

$$\text{COP}_{\text{HP}} = \frac{h_2 - h_3}{h_2 - h_1} = \frac{277.08 - 93.42}{277.08 - 241.30} = 5.13$$

つぎにエクセルギー収支を考える。表 3.9 のエクセルギー e は，$e = h - T_0 s$ を用いて求めているが，dead state のエクセルギーを $e_0 = 0$ として，相対的なエクセルギーの値として示している。

まず，凝縮器内の流れに摩擦がないと仮定すると，表 3.11（b）から

3.5 エアコンディショナのエクセルギー解析 75

表 3.10 蒸気圧縮冷凍サイクルの状態量 (R-134a)

状態	T 〔℃〕	P 〔MPa〕	h 〔kJ/kg〕	s 〔kJ/(kg·K)〕	e 〔kJ/kg〕
1	−10.09	0.20	241.30	0.925 3	18.28
2	43.18	0.80	277.08	0.948 1	47.26
3	31.33	0.80	93.42	0.345 9	43.15
4	−10.09	0.20	93.42	0.363 2	37.99
0	25.00	0.10	274.39	1.097 6	0.00

表 3.11 蒸気圧縮冷凍サイクルの解析結果
（a） エネルギー収支〔kJ/kg〕

入力エネルギー		出力エネルギー	
圧縮機駆動仕事	35.78	凝縮器からの放熱	183.66
蒸発器への加熱	147.88		
合　計	183.66	合　計	183.66

（b） エクセルギー収支〔kJ/kg〕

状態	機　器	q	w	Δe		i
1→2	圧縮機	—	35.78	$e_2 - e_1$	28.98	6.80
2→3	凝縮器	−183.66	—	$e_3 - e_2$	−4.11	—
3→4	膨張弁	—	—	$e_4 - e_3$	−5.16	5.16
4→1	蒸発器	147.88	—	$e_1 - e_4$	−19.71	—
	合　計	−35.78	35.78		0.00	11.96

$$e_3 - e_2 = -4.11 \text{ kJ/kg}$$

となる。したがって，熱移動とエクセルギー移動は凝縮器から外に向かっており，同じ方向である。蒸発器の流れに摩擦がない場合

$$e_1 - e_4 = -19.71 \text{ kJ/kg}$$

となり，熱量の値は正であるが，エクセルギー変化は負となり，熱移動とエクセルギー移動は反対方向である。熱伝達に伴うエクセルギーの移動については第2章の2.4.2項を参照していただきたい。システム温度 T が T_0 よりも低い場合，熱が加えられたときにシステムはエクセルギーを失う。

　表 3.11 (b) は，圧縮機と膨張弁の不可逆性 i が同程度であることを示している。また，熱力学第2法則効率は，式 (3.35a)，(3.35b) を用いて求めると

$$\eta_{\text{II, ref}} = \frac{e_1 - e_4}{w_{\text{in}}} = \frac{19.71}{35.78} = 0.551,$$

$$\eta_{\text{II, HP}} = \frac{e_2 - e_3}{w_{\text{in}}} = \frac{4.11}{35.78} = 0.115$$

76   3. プロセスのエクセルギー解析

となる。暖房より冷房のほうがエクセルギーを有効に使っていることがわかる。　◆

3.6　燃料電池のエクセルギー解析

水素を酸素で燃焼させると，下記のように多量の熱が発生する。

$$H_2 + \frac{1}{2} O_2(g) \rightarrow H_2O(l), \quad \Delta_r H^\circ_{298} = -285.8 \, kJ/mol$$

ここで，$\Delta_r H^\circ_{298}$ は標準反応エンタルピーといい，圧力 $P = 101.3 \, kPa$（標準状態の圧力は上付きの「°」印で示す）の純粋な反応物が圧力 101.3 kPa の純粋な生成物へ変化したときのエンタルピー変化で，発熱はマイナス（−），吸熱はプラス（＋）で表す。なお，(g) は気体，(l) は液体を表す。

燃料電池は化学エネルギーを熱に変えないで，反応を電池形式で行って化学エネルギーを直接，電気エネルギーに変換する装置である。化学エネルギーを直接，電気エネルギーに変換するときの利点は，熱を仕事に変換するときのカルノーサイクルによる制限がないことであり，化学エネルギーのほとんどすべてを電気エネルギーとして取り出すことができる。

水素燃料電池にはいろいろなタイプがある（主として電解液の違いである）。電解液がアルカリ性（例えば KOH）の場合，電極反応はつぎのようである。

アノード：$H_2(g) + 2\,OH^- \rightarrow 2\,H_2O + 2\,e^- + 0.829 \, V$

カソード：$\frac{1}{2} O^2(g) + H_2O(l) + 2\,e^- \longrightarrow 2\,OH^- + 0.40 \, V$

電　池：$H_2(g) + \frac{1}{2} O^2(g) \longrightarrow H_2O(l) + 1.229 \, V$

標準起電力 E° は，系が平衡状態にある可逆プロセスで測定された値であり，最大の起電力である。

電池の標準起電力 E° は次式によって，圧力 101.3 kPa，温度 25℃における可逆プロセスにおける標準反応ギブスエネルギー ΔG°_{298} と関係付けられる。

$$\Delta G^\circ_{298} = -nFE^\circ \tag{3.36}$$

ここで，n は生成物である成分 i の ν_i 当り（ν_i は全電池反応における生成物 j

の化学量論係数）に生成される電子の化学量論係数，F はファラデー定数（96.485 kJ/(mol·V)）である。水素燃料電池では $n=2$（e^- の量論係数は2）であるから，式 (3.36) に代入すると，つぎのようになる。

$$\Delta G_{298}^{\circ} = -nFE^{\circ} = -2 \times 96.485 \times 1.229 = -237.18 \text{ kJ/mol}$$

この値は，付録 B. の付表 2 に示す標準反応ギブスエネルギーより大きいが，付表 2 では H_2O が水蒸気であることに注意する。

したがって，水素燃料電池で系が外界になす可逆プロセスでの最大仕事 W'_{rev} は式 (2.69) よりつぎのようになる。

$$W'_{rev} = -\Delta G_{298}^{\circ} = 237.18 \text{ kJ/mol}$$

化学エネルギーを直接，電気エネルギーに変換する電池では，化学エネルギーは化学反応によるエンタルピー変化 ΔH_{298}° である。また変換できた電気エネルギーは標準ギブスエネルギー変化 ΔG_{298}° であるので，ΔG_{298}° を ΔH_{298}° で割った値を熱効率という。$\Delta H_{298}^{\circ} = -285.83$ kJ/mol であるので，水素燃料電池の可逆プロセスでの最大熱効率 η はつぎのようになる。

$$\eta = \frac{\Delta G_{298}^{\circ}}{\Delta H_{298}^{\circ}} = \frac{-237.18}{-285.83} = 0.830$$

すなわち，熱効率は83％である。実際の水素燃料電池の熱効率は0.5前後とされており，最大値よりかなり低く，改善は検討課題である。

例題 3.4　水素燃焼のエクセルギー

水素を酸素で燃焼させて発生する燃焼熱を，直接利用するときの熱効率はどうなるか。水素燃料電池の場合と比較せよ。

解　実際のプロセスはすべて不可逆プロセスであるので，水素を酸素で燃焼させるプロセスは不可逆プロセスである。エンタルピー収支とエントロピー収支は，つぎのとおりである。

エンタルピー収支：$\Delta H = Q$　（$P = $一定）

エントロピー収支：$\Delta S = \dfrac{Q}{T} + S_G$　（$T = $一定）

ここで，エントロピー収支の両辺に T を掛け，$Q = \Delta H$ を用いると，$P = $一定，$T = $

78　　3. プロセスのエクセルギー解析

一定のプロセスでは

$$TS_G = -(\Delta H - T\Delta S) = -\Delta G \quad (P=\text{一定，} T=\text{一定})$$

となり，$W_{\text{loss}} = TS_G$ であるので，$P=$一定，$T=$一定の不可逆プロセスでは

$$W_{\text{loss}} = TS_G = -\Delta G \quad (P=\text{一定，} T=\text{一定})$$

となる。すなわち，系のギブスエネルギーの減少（$-\Delta G$）は系内に生じる発生エントロピーによる損失仕事に等しい。

さて，水素の燃焼が 101.3 kPa，温度 25℃の標準状態で行われたとき発生する燃焼熱 ΔH_{298}° はつぎのようになる。

$$\mathrm{H_2(g)} + \frac{1}{2}\mathrm{O_2(g)} \longrightarrow \mathrm{H_2O}(l), \quad \Delta H_{298}^{\circ} = -285.5 \,\mathrm{kJ/mol}$$

また，標準反応エントロピー ΔS_{298}° と標準反応ギブスエネルギー ΔG_{298}° はつぎのとおりである。

$$\Delta S_{298}^{\circ} = 0.163\,3 \,\mathrm{kJ/(mol \cdot K)}, \quad \Delta G_{298}^{\circ} = 237.18 \,\mathrm{kJ/mol}$$

つぎに，$W_{\text{loss}} = \Delta G$ により燃焼プロセスの損失仕事 W_{loss} を求めると

$$W_{\text{loss}} = -\Delta G = 237.18 \,\mathrm{kJ/mol}$$

となる。すなわち，水素の燃焼プロセスでは $-285.8\,\mathrm{kJ/mol}$（ΔH_{298}°）の熱を発生するが，系内の発生エントロピー S_G により，$237.18\,\mathrm{kJ/mol}$ が損失仕事として失われる（$237.18\,\mathrm{kJ/mol}$ は水素燃料電池では変換される電気エネルギーである）。したがって，化学エネルギーを熱に変換して直接熱として利用するとき，化学エネルギーの損失率はつぎのようになる。

$$\frac{W_{\text{loss}}}{\left(-\Delta_r H_{298}^{\circ}\right)} = \frac{237.18}{285.83} = 0.830$$

また，熱効率はつぎのようになる。

$$\eta = 1 - \frac{W_{\text{loss}}}{\left(-\Delta_r H_{298}^{\circ}\right)} = 1 - 0.83 = 0.17$$

すなわち 17％である。水素燃料電池で直接電気エネルギーに変換して用いるときの熱効率は 0.83 であるから，水素の化学エネルギーを熱に変換して用いるときの熱効率は低いことがわかる。　　　　　　　　　　　　　　　　　　　　　　　　◆

4 エンジンシステムの エクセルギー解析

　エンジンシステムは，燃料の化学エクセルギーを出力のエクセルギーへと変換する装置である．燃料は燃焼して熱になる過程でエクセルギーを損失する．さらに熱伝達と排気により，エクセルギーが消滅していく．エンジンサイクルで起こるエクセルギー消滅を解析し，低減することができれば，エネルギー利用を大きく改善できる．

　本章では，燃焼過程を Wiebe の燃焼関数を用いてモデル化し，エクセルギー解析を行う．さらに，過給システムによるエクセルギーの回収とラジエータにおける伝熱によるエクセルギー消滅についても検討する．

4.1　空気標準エンジンサイクル

　内燃機関のシリンダ内で実行されているサイクルは非常に複雑である．まず，**火花点火機関**（spark ignition engine：**SI エンジン**）では燃料・空気混合気を，**圧縮着火機関**（compression ignition engine：**CI エンジン**）では空気のみを前のサイクルから残った微量の排気残留物と一緒に吸入し，混合する．この混合気を圧縮して燃焼させ，大部分を CO_2，H_2O，および N_2 からなる混合ガスを生成する．膨張行程（出力行程）の後，排気弁が開かれ，この混合ガスは周囲に排出される．したがって，組成が変化するオープンサイクルであり，解析が困難なシステムである．エンジンサイクルをより解析しやすくするために，実際のサイクルを理想気体として空気を用いる**空気標準サイクル**（air-standard cycle）で解析するが，実際のサイクルと以下の点で異なる．

　① シリンダ内の混合気をサイクル全体にわたって空気として扱い，空気の

80　　4.　エンジンシステムのエクセルギー解析

物性値を解析に使用する。これは，シリンダ内の気体の大部分が空気であり，燃料蒸気は約7％までであるので，サイクル前半の間，良好な近似である。ガス組成の大部分が CO_2，H_2O，および N_2 であるサイクルの後半でも，空気の特性を使用しても解析に大きな誤差が生じない。空気は比熱一定の理想気体として扱う。

② 　排気が吸気システムに循環すると仮定することによって，実際の**オープンサイクル**（open cycle）は**クローズドサイクル**（closed cycle）として扱う。吸・排気の両方が空気であるため，理想的な空気標準サイクルとなる。サイクルを閉じると解析が簡単になる。

③ 　空気だけで燃焼することはできないので，燃焼行程では燃料の燃焼熱に相当する熱量を供給することに置き換える。

④ 　大量のエンタルピーを系外に放出する開放排気行程では，放出するエンタルピーに相当する熱量に置き換える。

⑤ 　実際のエンジン行程を理想的な行程で近似する。

　　 ⅰ) 　ほぼ定圧の吸気行程と排気行程は圧力一定と仮定する。**全開スロットル**（wide open throttle：**WOT**）では，吸気行程は1気圧の圧力 P_0 であると仮定する。部分的に閉じたスロットルまたは過給時には，吸気圧力は1気圧以外の一定の値になる。排気行程圧力も1気圧で一定と仮定する。

　　 ⅱ) 　圧縮行程および膨張行程は，等エントロピー変化によって近似する。本当に等エントロピーであるためには，これらの行程は可逆で断熱的である必要がある。ピストンとシリンダ壁との間にはいくらかの摩擦があるが，表面が高度に研磨され潤滑されているので，この摩擦は最小限に保たれ，変化は無摩擦および可逆性に近くなる。これらの行程中のシリンダ内の気体運動のために流体摩擦もあるが，最小限である。任意の1回の行程に対する熱伝達は，その単一行程に伴う非常に短い時間のために無視できるほど小さい。したがって，ほぼ可逆的でほぼ断熱的な変化は，等エントロピー変化でかなり正確に近似することができる。

iii) 燃焼行程は，定容燃焼行程（SIサイクル），または定圧燃焼行程（CI
   サイクル）によって理想化する。

iv) 排気ブローダウンは定容変化によって近似する。

　熱力学的解析のために，空気の比熱は温度の関数として扱うことができる
が，わずかな精度の差なので，ここでは比熱一定で解析することにし，計算を
単純化する。エンジンサイクル中に高温と大きな温度範囲が発生するため，比
熱と比熱比 γ はかなり変化する。吸気行程および始動中のサイクルの低温時に
は，$\gamma=1.4$ の値が正しい。しかし，燃焼の終了時に温度が上昇すると，$\gamma=$
1.3 のほうがより正確になる。これらの平均値は，熱力学の教科書でよく使用
されるように，標準状態の温度（25℃）より良好な結果を与えることがわかっ
ている。動作サイクル中にエンジン内で何が起こるかを解析する際に，本書で
は比熱比のかわりに適切なポリトロープ指数を用いる。

4.2　4ストローク理論サイクル

　ほとんどの内燃機関（SIエンジンとCIエンジンの両方）は，4サイクルま
たは2サイクルのいずれかで作動する。これらの基本サイクルはすべてのエン
ジンでかなり標準的であり，個々の設計ではわずかな違いしかない。

　WOTにおける4ストロークSIエンジンの自然吸気エンジンのサイクルを考
える。解析のために，このサイクルは，**図4.1** に示す空気標準サイクルによっ
て近似される。この理想的な空気標準サイクルは，この種のエンジンの初期の
開発者の名前にちなんで命名された**オットーサイクル**（Otto cycle）と呼ばれ
ている。

　図において，$(6 \rightarrow 1)$ は吸気行程，$(1 \rightarrow 2)$ は圧縮行程，$(2 \rightarrow 3)$ は燃焼行
程，$(3 \rightarrow 4)$（または定圧サイクルでは $(2 \rightarrow 4)$）は膨張行程，$4 \rightarrow 5 \rightarrow 6$ は
排気行程である。

　$(6 \rightarrow 1)$：**吸気行程**：吸気弁が開いて排気弁が閉じた状態で，ピストンが
TDC（top dead center）から **BDC**（bottom dead center）に移動するときに燃

4. エンジンシステムのエクセルギー解析

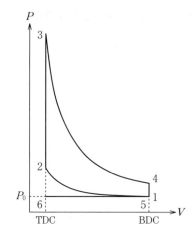

図 4.1　オットーサイクル（定容サイクル）の P-V 線図

料・空気混合気を吸入する。

オットーサイクルの吸気行程では，TDC 時のピストンで始まり，1 気圧の入口圧力で定圧変化である。これは，入口空気流の圧力損失のために，実際には大気圧よりもわずかに低い圧力にある WOT での実際のエンジンの吸気行程に対する良好な近似である。空気が吸気システムを通過するとき，所定量の燃料は，燃料噴射器または気化器によって空気に加えられる。吸気行程中の空気の温度は，空気が高温吸気マニホールドを通過する際に増加する。状態 1 での温度は，一般に周囲の空気温度よりも 25 ～ 35℃ 程度高い。

(1 → 2)：**圧縮行程**：ピストンは BDC から TDC に移動する。火花点火は，圧縮行程の終わり近くで起こる。

BDC から TDC への等エントロピー圧縮である。ピストンが BDC に達すると，吸気弁が閉じ，すべてのバルブを閉じた状態でピストンが TDC に戻る。これにより，混合気が圧縮され，シリンダ内の圧力と温度が上昇する。吸気弁を閉じるために有限な時間が必要なので，BDC の少し後にならないと実際の圧縮が開始しない。圧縮行程の終わり近くに，点火プラグが点火され，燃焼が開始される。

(2 → 3)：**定容燃焼行程**：TDC 付近でほぼ定容で燃焼する。

この行程は，一定容積に近い状態で行われる実際のエンジンサイクルの燃焼

4.2 4ストローク理論サイクル　　*83*

行程を置き換える。実際のエンジンでは，燃焼はわずかに TDC の直前で開始され，TDC 付近で最高燃焼速度に達し，TDC の少し後で終了する。燃焼または熱入力中に，大量のエネルギーがシリンダ内の空気に加えられる。このエネルギーは，空気の温度を非常に高い値に上昇させ，状態3の位置でサイクルの最高温度を与える。閉じた定容変化中のこの温度上昇は，大きな圧力上昇ももたらす。

　（3→4）：**膨張行程（出力行程）**：シリンダの圧力が高いと，ピストンが TDC から BDC に押し出される。

　TDC におけるシステム内の非常に高い圧力およびエンタルピー値は，燃焼に続く膨張行程（出力行程）を生成する。ピストン面の高圧はピストンを BDC 方向に押し戻し，エンジンの仕事と出力を作り出す。実際のエンジンサイクルの出力行程は，オットーサイクルの等エントロピー過程で近似される。これは良好な近似であり，摩擦と断熱の圧縮行程と同じ議論の対象となる。実際のエンジンでは，燃焼行程の始まりは燃焼行程の最後の部分によって影響される。出力行程の終わりは，BDC より前に排気弁を開くことによって影響される。出力行程の間，シリンダ内の温度および圧力の両方の値は，容積が TDC から BDC に増加するにつれて減少する。

　（4→5）：**排気ブローダウン**：出力行程の終わりに排気弁が開き，排気ブローダウン（exhaust blowdown）が発生する。

　排気行程において，排気弁はピストン下死点よりかなり前に開くが，このときシリンダ内の比較的高い圧力により，勢いよく燃焼ガスが排気系に流出する。その際に，大量のエンタルピーが排気とともに持ち去られ，エンジンの熱効率が制限される。オットーサイクルでは，実際のオープンサイクルの排気ブローダウンを定容の減圧システムである閉じた系の行程（4→5）に置き換える。この行程中のエンタルピー損失は，エンジン解析における熱除去に置き換えられる。排気ブローダウンの終わりにシリンダ内の圧力は約1気圧に低下し，温度は膨張冷却によって実質的に減少する。BDC の前に排気弁を開くことは，出力行程の間に得られる仕事を減少させるが，排気ブローダウンに必要

84   4. エンジンシステムのエクセルギー解析

な有限の時間のために必要である。

（5→6）：**排気行程**：ピストンが BDC から TDC に移動すると，残りの排ガスがシリンダから押し出される。

ピストンが BDC に到達するまでに，排気ブローダウンは完了するが，シリンダは大気圧付近の排ガスでまだ充満している。排気弁が開いたままの状態で，ピストンは排気行程で BDC から TDC へ移動する。これにより，大気圧付近で残りの排ガスの大部分がシリンダから排気システムに押し出され，ピストンが TDC に達すると，すきま体積に閉じ込められたガスのみが残る。排気行程の終わり付近では，吸気弁が開き始めるので，新しい吸気行程がつぎのサイクルを開始するときに TDC によって全開になる。TDC の近くでは，排気弁が閉じ始め，最終的にはいつでも完全に閉じられる。吸気弁と排気弁の両方が開いているこの期間を**バルブオーバラップ**（valve overlap）と呼ぶ。

これらの理想的なサイクルがエンジン性能の指標としてどれほど有用であるかを決定するうえで最も重要な前提は，燃焼プロセスのために想定される形態である。実際のエンジン燃焼プロセスは，有限のクランク角周期（約 20 ～ 70° CA の間）に行われる。点火または燃料噴射タイミングは，その最適なクランク角度から TDC に近づくまで遅らせることができる。定容サイクルは，TDC における高速燃焼の限定的な場合である。定圧サイクルは低速の燃焼に対応する。

4.3　エンジンサイクルのエクセルギー解析

エンジン性能解析に関心があるのは，運転サイクルの各時点でシリンダ内のガスから抽出できる有効な仕事の量である。問題は，指定された環境（大気）の存在下で，ある特定の状態から別の特定の状態にシステム（シリンダ内の給気）が取り込まれるときの最大可能出力（または最小入力仕事）を決定することである。まず，これらの理想的な運転サイクルとして，オットーサイクル（定容サイクル）とディーゼルサイクル（定圧サイクル）のエクセルギー変化

を検討する。ここでは，吸気行程と排気行程は省略する。

4.3.1　サイクルのエントロピー変化

圧縮行程（1 → 2）は可逆断熱行程であるので，エントロピーは一定である。燃焼行程（2 → 3）の比エントロピーの増加は，付 A.4 の関係から以下のように比熱一定として計算することができる。

$$s - s_0 = c_v \ln\left(\frac{T}{T_0}\right) + R\ln\left(\frac{v}{v_0}\right) = c_p \ln\left(\frac{T}{T_0}\right) - R\ln\left(\frac{P}{P_0}\right) \tag{4.1}$$

定容サイクルに対しては

$$s_3 - s_2 = c_v \ln\left(\frac{T_3}{T_2}\right) \tag{4.2}$$

となり，定圧サイクルに対しては

$$s_3 - s_2 = c_p \ln\left(\frac{T_3}{T_2}\right) \tag{4.3}$$

となる。燃焼行程は断熱的であると仮定しているので，燃焼中のエントロピーの増加は，この行程の不可逆的性質を明らかに示している。したがって，燃焼プロセスの不可逆性に関連するエントロピーの増加により，エクセルギー損失が起こる原因となる。

燃焼が完了した後の膨張行程は断熱的かつ可逆的であるので，膨張行程（3 → 4）のエントロピーは一定である。

4.3.2　サイクルへの発熱量の供給

（2 → 3）の定容断熱燃焼過程では，燃料質量 m_{fuel}，発熱量 Q_{LHV} の燃焼熱がすべてシリンダ内の混合気（質量 m）に与えられるとすると，定容燃焼（SIエンジン）と定圧燃焼（CIエンジン）の場合は以下のようになる。定容サイクルでは

$$m_{\text{fuel}}Q_{\text{LHV}} = mc_v(T_3 - T_2) \tag{4.4}$$

となり，定圧サイクルでは

86　　4.　エンジンシステムのエクセルギー解析

$$m_{\text{fuel}}Q_{\text{LHV}} = mc_p(T_3 - T_2) \tag{4.5}$$

となる。ここで，Heywood が提案した混合気の単位質量当りの燃焼熱である Q^* を用いて整理すると次式のようになる[1]†。

$$Q^* = \frac{m_{\text{fuel}}Q_{\text{LHV}}}{m} \tag{4.6}$$

式 (4.6) を書き換えて

$$Q^* = \left(\frac{m_f}{m_a}\right)Q_{\text{LHV}}\left(\frac{m_a}{m}\right),$$

$$\frac{m_{\text{air}}}{m} = \frac{m - m_r}{m} = 1 - \frac{m_r}{m}$$

となる。ここで，m_{air} は吸入空気の質量，m_r は TDC における混合気の残留質量である。$P_6 = P_1,\ T_6 = T_1$ であるから

$$\frac{m}{m_r} = \frac{P_1 V_1 / (RT_1)}{P_6 V_6 / (RT_6)} = \frac{V_1}{V_6} = r_c$$

となり，したがって

$$\frac{m_{\text{air}}}{m} = 1 - \frac{1}{r_c} = \frac{r_c - 1}{r_c} \tag{4.7}$$

と表され，m_{air}/m の単純近似は $(r_c - 1)/r_c$ となる。すなわち，新鮮な空気が置換された体積を満たし，残留気体が同じ密度ですきま体積を満たす。Q^* は以下のようになる。

$$Q^* = \frac{r_c - 1}{r_c}\frac{m_{\text{fuel}}}{m_{\text{air}}}Q_{\text{LHV}} = \left(\frac{r_c - 1}{r_c}\right)\frac{Q_{\text{LHV}}}{\text{AF}} \tag{4.8}$$

　定容サイクルに対しては，ガソリンとしてイソオクタン（C_8H_{18}）の Q^* を求める。同様に，定圧サイクルに対して，ディーゼル燃料として $C_{14.4}H_{24.9}$ の Q^* を求めると次式のようになる。それぞれの圧縮比，比熱，空燃比などは**表 4.1** に示す。

---

　†　肩付き数字は，巻末の引用・参考文献の番号を表す。

表 4.1 理想気体に供給する単位質量当りの燃焼熱

	定容サイクル	定圧サイクル
化学式	C_8H_{18}	$C_{14.4}H_{24.9}$
比熱比 γ	1.35	1.35
圧縮比 r_c	12	18
空燃比 AF	15.1	14.5
発熱量 Q_{LHV}〔MJ/kg〕	44.43	43.30
燃焼熱 Q^*〔MJ/kg〕	2.697	2.820

$$Q_{otto}^* = \left(\frac{r_c-1}{r_c}\right)\frac{Q_{LHV}}{AF} = \frac{12-1}{12} \times \frac{44.43}{15.1} = 2.697 \text{ MJ/kg},$$

$$Q_{diesel}^* = \left(\frac{r_c-1}{r_c}\right)\frac{Q_{LHV}}{AF} = \frac{18-1}{18} \times \frac{43.30}{14.5} = 2.820 \text{ MJ/kg}$$

4.3.3 各プロセスのエクセルギー変化

理想サイクルにおける各プロセスのエクセルギー解析は，エクセルギー転送の規模と，エクセルギーの損失が発生する場所を示す。一般に，dead state を P_0, T_0 とすると，バルブが閉じているサイクルの部分における状態 i と状態 j との間のエクセルギーの変化は，つぎのようになる。

$$E_j - E_i = m(e_j - e_i) = m[(u_j - u_i) + P_0(v_j - v_i) - T_0(s_j - s_i)] \tag{4.9}$$

ここで，式 (4.6) を用いると，式 (4.9) は次式となる。

$$\frac{E_j - E_i}{m_f Q_{LHV}} = \frac{m(e_j - e_i)}{m_f Q_{LHV}} = \frac{e_j - e_i}{Q^*} \tag{4.10}$$

4.4 定容サイクルのエクセルギー変化

4.4.1 各行程におけるエクセルギー変化

定容サイクル（オットーサイクル）の各行程のエクセルギー変化を考える。表 4.1 の条件で求めた P-V 線図を**図 4.2** に示す。

(1 → 2)：断熱圧縮行程

まず，(1 → 2) の断熱圧縮行程では，温度と体積の間に次式が成立する。

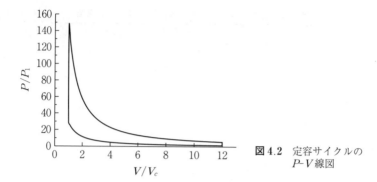

図 4.2 定容サイクルの P–V 線図

$$\frac{T_2}{T_1}=\left(\frac{V_1}{V_2}\right)^{\gamma-1},$$

$$T_2=T_1 r_c^{\gamma-1} \tag{4.11}$$

圧縮過程を等エントロピーとすると，次式のようになる．

$$T_0(S_2-S_1)=0,$$

$$\frac{E_2-E_1}{m_f Q_{\mathrm{LHV}}}=\frac{e_2-e_1}{Q^*}=\frac{(u_2-u_1)+P_0(v_2-v_1)}{Q^*}$$

$$=\frac{c_v T_1}{Q^*}\left[\left(\frac{T_2}{T_1}-1\right)-(\gamma-1)\left(1-\frac{V_2}{V_1}\right)\right]$$

式 (4.11) を用いて

$$\frac{e_2-e_1}{Q^*}=\frac{c_v T_1}{Q^*}\left[r_c^{\gamma-1}-1-(\gamma-1)\left(1-\frac{1}{r_c}\right)\right] \tag{4.12}$$

となる．ここで，$P_0=P_1$ と仮定した．

また，(1→2) の間の任意の体積におけるエクセルギーは，つぎのように表せる．

$$\frac{E-E_1}{m_f Q_{\mathrm{LHV}}}=\frac{e-e_1}{Q^*}=\frac{(u-u_1)+P_0(v-v_1)}{Q^*}=\frac{c_v(T-T_1)+P_1(v-v_1)}{Q^*}$$

$$=\frac{c_v T_1}{Q^*}\left(\frac{T}{T_1}-1\right)+\frac{(\gamma-1)c_v T_1}{Q^*}\left(\frac{V}{V_1}-1\right)$$

$$= \frac{c_v T_1}{Q^*} \left[\left(\frac{V}{V_1} \right)^{1-\gamma} - 1 + (\gamma - 1) \left(\frac{V}{V_1} - 1 \right) \right]$$

ここで，V/V_2 の関数に書き換えると次式のようになる。

$$\frac{e - e_1}{Q^*} = \frac{c_v T_1}{Q^*} \left[r_c^{\gamma - 1} \left(\frac{V}{V_2} \right)^{1-\gamma} - 1 + (\gamma - 1) \left(\frac{V}{r_c V_2} - 1 \right) \right] \tag{4.13}$$

$(2 \to 3)$：**燃焼行程**

定容燃焼では

$$mc_v (T_3 - T_2) = mQ^*,$$

$$\frac{T_3}{T_2} = 1 + \frac{Q^*}{c_v T_2} = 1 + \frac{Q^*}{c_v T_1 r_c^{\gamma - 1}} \tag{4.14}$$

となる。定容サイクルの場合，燃焼中，体積は変化しないので，$P_0(v_2 - v_1) = 0$ となる。したがって，エクセルギー変化は次式のようになる。

$$\frac{E_3 - E_2}{m_f Q_{\mathrm{LHV}}} = \frac{e_3 - e_2}{Q^*} = \frac{u_3 - u_2 - T_0(s_3 - s_2)}{Q^*},$$

$$\frac{e_3 - e_2}{Q^*} = \frac{c_v(T_3 - T_2) - c_v T_0 \ln(T_3 / T_2)}{Q^*} = \frac{c_v}{Q^*} \left[(T_3 - T_2) - T_0 \ln \left(\frac{T_3}{T_2} \right) \right]$$

$$= 1 - \frac{c_v T_0}{Q^*} \ln \left(\frac{T_3}{T_2} \right)$$

式 (4.14) を用いて，つぎのように表せる。

$$\frac{e_3 - e_2}{Q^*} = 1 - \frac{c_v T_0}{Q^*} \ln \left(1 + \frac{Q^*}{c_v T_1 r_c^{\gamma - 1}} \right) \tag{4.15}$$

$(3 \to 4)$：**膨張行程**

断熱膨張行程では，温度と体積の間に次式が成立する（付 A.2 参照）。

$$\frac{T_4}{T_3} = \left(\frac{V_3}{V_4} \right)^{\gamma - 1} = \left(\frac{1}{r_c} \right)^{\gamma - 1},$$

$$T_4 = T_3 r_c^{1-\gamma} \tag{4.16}$$

膨張過程を等エントロピーとすると，つぎのようになる。

$$T_0(S_4 - S_3) = 0,$$

90   4. エンジンシステムのエクセルギー解析

$$\frac{E_4 - E_3}{m_f Q_{\text{LHV}}} = \frac{e_4 - e_3}{Q^*} = \frac{(u_4 - u_3) + P_0(v_4 - v_3)}{Q^*} = \frac{c_v T_3}{Q^*}\left(\frac{T_4}{T_3} - 1\right) + \frac{P_0 v_3}{Q^*}\left(\frac{V_4}{V_3} - 1\right)$$

$$= \frac{c_v T_3}{Q^*}(r_c^{1-\gamma} - 1) + \frac{P_0 v_3}{Q^*}(r_c - 1)$$

定容サイクルでは $v_2 = v_3$ である。$P_0 = P_1$ とすると，次式のようになる。

$$\frac{e_4 - e_3}{Q^*} = \frac{c_v T_3}{Q^*}(r_c^{1-\gamma} - 1) + \frac{P_1 v_2}{Q^*}(r_c - 1)$$

$$= \frac{c_v T_3}{Q^*}(r_c^{1-\gamma} - 1) + \frac{R T_2}{Q^*}\frac{P_1}{P_2}(r_c - 1)$$

$$= \frac{c_v T_3}{Q^*}(r_c^{1-\gamma} - 1) + \frac{R T_2}{r_c^{\gamma} Q^*}(r_c - 1) \tag{4.17}$$

また，$(3 \rightarrow 4)$ の任意のエクセルギーは

$$\frac{V_3}{V_2} \le \frac{V}{V_2} < \frac{V_4}{V_2},$$

$$S - S_3 = 0,$$

$$\frac{E - E_3}{m_f Q_{\text{LHV}}} = \frac{e - e_3}{Q^*} = \frac{(u - u_3) + P_0(v - v_3)}{Q^*} = \frac{c_v(T - T_3) + P_0(v - v_2)}{Q^*}$$

となり，定容サイクルでは，$v_2 = v_3$ である。

$$\frac{e - e_3}{Q^*} = \frac{c_v T_3}{Q^*}\left(\frac{T}{T_3} - 1\right) + \frac{P_0 v_2}{Q^*}\left(\frac{v}{v_2} - 1\right)$$

$$= \frac{c_v T_3}{Q^*}\left[\frac{1}{(V/V_3)^{\gamma-1}} - 1\right] + \frac{P_0 v_2}{Q^*}\left(\frac{V}{V_2} - 1\right)$$

$$= \frac{c_v T_3}{Q^*}\left[\left(\frac{V}{V_2}\right)^{1-\gamma} - 1\right] + \frac{P_0 v_1}{r_c Q^*}\left(\frac{V}{V_2} - 1\right)$$

$$= \frac{c_v T_3}{Q^*}\left[\left(\frac{V}{V_2}\right)^{1-\gamma} - 1\right] + \frac{P_0}{r_c Q^*}\frac{R T_1}{P_1}\left(\frac{V}{V_2} - 1\right)$$

$P_0 = P_1$ とすると，次式のようになる。

$$\frac{e - e_3}{Q^*} = \frac{c_v T_3}{Q^*}\left[\left(\frac{V}{V_2}\right)^{1-\gamma} - 1\right] + \frac{R T_1}{r_c Q^*}\left(\frac{V}{V_2} - 1\right) \tag{4.18}$$

(4 → 1)：排気行程

(T_1, P_1) のエクセルギーに対応した状態 4 での排気のエクセルギーは，次式のとおりである。

$$\frac{E_4 - E_1}{m_f Q_{\mathrm{LHV}}} = \frac{e_4 - e_1}{Q^*} = \frac{c_v T_1}{Q^*}\left[\left(\frac{T_4}{T_1} - 1\right) - \frac{T_0}{T_1}\ln\left(\frac{T_4}{T_1}\right)\right] \tag{4.19}$$

4.4.2 定容サイクル全体のエクセルギー変化

定容サイクルのエクセルギー変化をまとめると，以下のようになる。

(1 → 2)：断熱圧縮行程は式 (4.12) より

$$e_2 - e_1 = c_v T_1\left[r_c^{\gamma-1} - 1 - (\gamma - 1)\left(1 - \frac{1}{r_c}\right)\right] \tag{4.20}$$

(2 → 3)：燃焼行程は式 (4.15) より

$$e_3 - e_2 = Q^* - c_v T_0 \ln\left(1 + \frac{Q^*}{c_v T_1 r_c^{\gamma-1}}\right) \tag{4.21}$$

(3 → 4)：膨張行程は式 (4.17) より

$$e_4 - e_3 = c_v T_3 (r_c^{1-\gamma} - 1) + \frac{R T_2}{r_c^{\gamma}}(r_c - 1) \tag{4.22}$$

(4 → 1)：排気行程は式 (4.19) より

$$e_4 - e_1 = c_v T_1\left[\left(\frac{T_4}{T_1} - 1\right) - \frac{T_0}{T_1}\ln\left(\frac{T_4}{T_1}\right)\right] \tag{4.23}$$

となる。図 4.2 で使用された定容サイクルの圧縮および膨張行程にわたる (T_1, P_1) における，それらのエクセルギーに対するシリンダ内部のガスのエクセルギー変化を**図 4.3** に示す。図では dead state を基準として，各プロセスの間のエクセルギーの変化と各プロセスの開始時と終了時のシリンダガスのエクセルギーを計算してある。

燃料，空気，残留ガス混合気の状態 1 のエクセルギー E_1 は

$$E_1 = \frac{-\Delta G_{298}^{\circ}}{-\Delta H_{298}^{\circ}} m_{\mathrm{fuel}} Q_{\mathrm{LHV}}$$

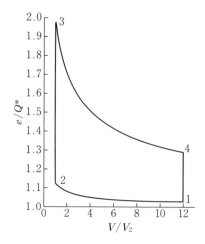

図 4.3 シリンダ内エクセルギー変化（定容サイクル）

となる。式 (4.6) を上式に代入すると

$$E_1 = \frac{\Delta G°_{298}}{\Delta H°_{298}} mQ^* \tag{4.24}$$

となり，状態1の比エクセルギー e_1 は

$$e_1 = \frac{E_1}{m} \frac{\Delta G°_{298}}{\Delta H°_{298}} Q^* \tag{4.25}$$

となる。代表的な標準反応エンタルピーと標準反応ギブスエネルギーを，付録B.の付表2に示す。イソオクタンの場合は

$$e_{1,\text{oct}} = 1.028 Q^* \tag{4.26}$$

となり，水素の場合は

$$e_{1,\text{hyd}} = 0.945 Q^* \tag{4.27}$$

となる。

定容サイクルでは，気体が断熱圧縮されることにより e_1 のエクセルギーが e_2 に増加する。燃焼によりエクセルギーの消滅があるものの，e_2 は e_3 のエクセルギーまで増加する。断熱膨張行程ではそのエクセルギーを消費して，仕事を行い，e_4 になる。排気行程でエクセルギーを排出して，e_1 のエクセルギーに戻る。

4.4.3 熱力学第1法則効率

ここで，熱力学第1法則効率について考える。熱力学第1法則効率は燃料のエネルギー Q^* に対する可逆仕事の割合である。エクセルギー変化の中で仕事に関係しているのは，圧縮行程 (e_2-e_1) と膨張行程 (e_3-e_4) であるので，熱力学第1法則効率は次式となる。

$$\eta_1 = \frac{(e_3-e_4)-(e_2-e_1)}{Q^*} \tag{4.28}$$

式 (4.20)，(4.22) を式 (4.28) に代入して整理すると，つぎのようになる。

$$\eta_1 = -\frac{1}{Q^*}\left[c_v T_3(r_c^{1-\gamma}-1)+\frac{RT_2}{r_c^{\gamma}}(r_c-1)\right] - \frac{c_v T_1}{Q^*}\left[r_c^{\gamma-1}-1-(\gamma-1)\left(1-\frac{1}{r_c}\right)\right]$$

ここで，式 (4.14) の関係を用いると

$$\eta_1 = -\frac{T_2}{Q^*}\left[c_v(r_c^{1-\gamma}-1)\left(1+\frac{Q^*}{c_v T_1 r_c^{\gamma-1}}\right)+\frac{R}{r_c^{\gamma}}(r_c-1)\right]$$

$$\quad -\frac{c_v T_1}{Q^*}\left[r_c^{\gamma-1}-1-(\gamma-1)\left(1-\frac{1}{r_c}\right)\right]$$

$$= -\frac{c_v T_1}{Q^*}\frac{T_2}{T_1}\left[(r_c^{1-\gamma}-1)\left(1+\frac{Q^*}{c_v T_1 r_c^{\gamma-1}}\right)+\frac{R}{c_v r_c^{\gamma}}(r_c-1)\right]$$

$$\quad -\frac{c_v T_1}{Q^*}\left[r_c^{\gamma-1}-1-(\gamma-1)\left(1-\frac{1}{r_c}\right)\right]$$

となる。さらに式 (4.11) の関係を用いると

$$\eta_1 = -\frac{c_v T_1}{Q^*}\left[(1-r_c^{\gamma-1})\left(1+\frac{Q^*}{c_v T_1 r_c^{\gamma-1}}\right)+\frac{R}{c_v}\left(1-\frac{1}{r_c}\right)+r_c^{\gamma-1}-1\right.$$

$$\quad \left. -(\gamma-1)\left(1-\frac{1}{r_c}\right)\right]$$

となる。$R/c_v = \gamma-1$ の関係を用いると

$$\eta_1 = -\frac{c_v T_1}{Q^*}\left[(1-r_c^{\gamma-1})\left(1+\frac{Q^*}{c_v T_1 r_c^{\gamma-1}}\right)+(\gamma-1)\left(1-\frac{1}{r_c}\right)+r_c^{\gamma-1}-1\right.$$

94   4. エンジンシステムのエクセルギー解析

$$-(\gamma-1)\left(1-\frac{1}{r_c}\right)\Bigg]$$

$$=-\frac{c_v T_1}{Q^*}\Bigg[(1-r_c^{\gamma-1})\left(1+\frac{Q^*}{c_v T_1 r_c^{\gamma-1}}\right)+r_c^{\gamma-1}-1\Bigg]$$

$$=-\frac{c_v T_1}{Q^*}\Bigg[(1-r_c^{\gamma-1})\left(\frac{Q^*}{c_v T_1 r_c^{\gamma-1}}\right)\Bigg]$$

となるので，整理すると

$$\eta_1=1-\frac{1}{r_c^{\gamma-1}} \tag{4.29}$$

となり，付 A.5.1 のオットーサイクルの熱力学第 1 法則効率と一致する。すなわち，熱力学第 1 法則だけでは，仕事の部分のエネルギー変換のみを扱っており，燃焼により消滅したエクセルギーや排気により排出されたエクセルギーなどを考慮していないことがわかる。

　理想的な定容サイクルでは，燃焼中に消滅したエクセルギーと状態 4 のガス中に残っているエクセルギーを使用できないことにより，熱力学第 2 法則効率が 1 未満に低下することになる。これらのエクセルギー損失は，圧縮比が増加するにつれて，燃料エクセルギーに比べてその割合が減少していく。これは，圧縮比が高くなるにつれてエンジンの熱力学第 1 法則効率が上がる根本的な理由である。

4.5　定圧サイクルのエクセルギー変化

　4.4 節の定容サイクルと同様に，定圧サイクル（ディーゼルサイクル）の場合の各行程のエクセルギー変化を考える。定容サイクルと同様に表 4.1 の条件で求めた P-V 線図を**図 4.4** に示す。

(1→2)：断熱圧縮行程

（1→2）の断熱圧縮行程は，定容サイクルと同様である（式 (4.30), (4.31)）。

4.5 定圧サイクルのエクセルギー変化

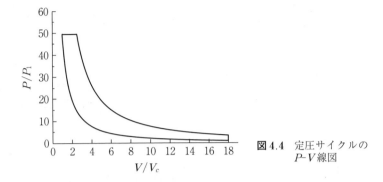

図 4.4 定圧サイクルの P-V 線図

$$\frac{e_2 - e_1}{Q^*} = \frac{c_v T_1}{Q^*}\left[r_c^{\gamma-1} - 1 - (\gamma-1)\left(1 - \frac{1}{r_c}\right)\right] \quad (4.30)$$

$$\frac{e - e_1}{Q^*} = \frac{c_v T_1}{Q^*}\left[r_c^{\gamma-1}\left(\frac{V}{V_2}\right)^{1-\gamma} - 1 + (\gamma-1)\left(\frac{V}{r_c V_2} - 1\right)\right] \quad (4.31)$$

(2 → 3): 燃焼行程

定容サイクルと定圧サイクルでは，燃焼行程中の熱量供給の条件が異なる．定圧燃焼では

$$mc_p(T_3 - T_2) = mQ^*,$$

$$\frac{T_3}{T_2} = 1 + \frac{Q^*}{c_p T_2} = 1 + \frac{Q^*}{c_p T_1 r_c^{\gamma-1}} \quad (4.32)$$

となり，エクセルギー変化は

$$\frac{E_3 - E_2}{m_f Q_{\text{LHV}}} = \frac{e_3 - e_2}{Q^*} = \frac{h_3 - h_2 - T_0(s_3 - s_2)}{Q^*},$$

$$\frac{e_3 - e_2}{Q^*} = \frac{c_p(T_3 - T_2) - c_p T_0 \ln(T_3/T_2)}{Q^*} = \frac{c_p}{Q^*}\left[(T_3 - T_2) - T_0 \ln\left(\frac{T_3}{T_2}\right)\right] \quad (4.33)$$

となる．定圧サイクルでは，燃焼中も体積が膨張するので，(2 → 3) の間の任意の体積でのエクセルギー変化も必要である（式 (4.34)）．

$$\frac{e - e_2}{Q^*} = \frac{c_p}{Q^*}\left[(T - T_2) - T_0 \ln\left(\frac{T}{T_2}\right)\right] = \frac{c_p T_2}{Q^*}\left[\frac{T}{T_2} - 1 - \frac{T_0}{T_2}\ln\left(\frac{T}{T_2}\right)\right]$$

96　　4. エンジンシステムのエクセルギー解析

$$= \frac{c_p T_2}{Q^*}\left[\frac{V}{V_2} - 1 - \frac{T_0}{T_2}\ln\left(\frac{V}{V_2}\right)\right] \tag{4.34}$$

(3→4)：膨張行程

(3→4) の断熱膨張行程は，定容サイクルと同様であるが，燃焼行程が異なるので，3 の状態が異なることに注意する。温度と体積の間に次式が成立する。

$$\frac{T_4}{T_3} = \left(\frac{V_3}{V_4}\right)^{\gamma-1} \tag{4.35}$$

膨張過程を等エントロピーとすると，つぎのようになる。

$$T_0(S_4 - S_3) = 0,$$

$$\frac{E_4 - E_3}{m_f Q_{\mathrm{LHV}}} = \frac{e_4 - e_3}{Q^*} = \frac{(u_4 - u_3) + P_0(u_4 - u_3)}{Q^*}$$

$$= \frac{c_v T_3}{Q^*}\left(\frac{T_4}{T_3} - 1\right) + \frac{P_0 v_3}{Q^*}\left(\frac{V_4}{V_3} - 1\right)$$

$$= \frac{c_v T_3}{Q^*}\left[\left(\frac{V_3}{V_2}\frac{V_2}{V_4}\right)^{\gamma-1} - 1\right] + \frac{P_0 v_3}{Q^*}\left(\frac{V_4}{V_2}\frac{V_2}{V_3} - 1\right)$$

ここで，圧縮比 $r_c = V_4/V_2$，締切り比 $r_{\mathrm{off}} = V_3/V_2$，$P_0 = P_1$ を用いると，次式のようになる。

$$\frac{e_4 - e_3}{Q^*} = \frac{c_v T_3}{Q^*}\left[\left(\frac{r_{\mathrm{off}}}{r_c}\right)^{\gamma-1} - 1\right] + \frac{P_1 v_3}{Q^*}\left(\frac{r_c}{r_{\mathrm{off}}} - 1\right) \tag{4.36}$$

また，(3→4) の任意のエクセルギーは，つぎのとおりである。

$$\frac{V_3}{V_2} \le \frac{V}{V_2} < \frac{V_4}{V_2},$$

$$T_0(S - S_3) = 0,$$

$$\frac{E - E_3}{m_f Q_{\mathrm{LHV}}} = \frac{e - e_3}{Q^*} = \frac{(u - u_3) + P_0(v - v_3)}{Q^*}$$

$$= \frac{c_v(T - T_3) + P_0(v - v_2)}{Q^*} = \frac{c_v T_3}{Q^*}\left(\frac{T}{T_3} - 1\right) + \frac{P_0 v_3}{Q^*}\left(\frac{v}{v_3} - 1\right)$$

$$= \frac{c_v T_3}{Q^*}\left[\left(\frac{V_3}{V_2}\frac{V_2}{V}\right)^{\gamma-1} - 1\right] + \frac{P_0 v_3}{Q^*}\left(\frac{V}{V_2}\frac{V_2}{V_3} - 1\right)$$

$$= \frac{c_v T_3}{Q^*}\left[\left(r_{of}\frac{V_2}{V}\right)^{\gamma-1}-1\right]+\frac{P_0 v_3}{Q^*}\left(\frac{1}{r_{off}}\frac{V}{V_2}-1\right)$$

$P_0 = P_1$ とすると,次式のようになる.

$$\frac{e-e_3}{Q^*}=\frac{c_v T_3}{Q^*}\left[r_{off}^{\gamma-1}\left(\frac{V}{V_2}\right)^{1-\gamma}-1\right]+\frac{P_1 v_3}{Q^*}\left(\frac{V}{r_{off}V_2}-1\right) \qquad (4.37)$$

(4→1):排気行程

状態 4 での排気のエクセルギーは,定容サイクルと同様である(式 (4.38)).

$$\frac{E_4-E_1}{m_f Q_{LHV}}=\frac{e_4-e_1}{Q^*}=\frac{c_v T_1}{Q^*}\left[\left(\frac{T_4}{T_1}-1\right)-\frac{T_0}{T_1}\ln\left(\frac{T_4}{T_1}\right)\right] \qquad (4.38)$$

定圧サイクルの圧縮行程および膨張行程にわたる (T_1, P_1) におけるそれらのエクセルギーに対するシリンダ内部のガスのエクセルギー変化を**図 4.5** に示す.ここでは,燃焼期間である**締切り比**(cut-off ratio)を $r_{off}=V_3/V_2=2.5$ とした.

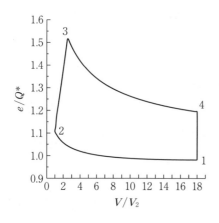

図 4.5 シリンダ内エクセルギー変化(定圧サイクル)

4.6 火花点火エンジンサイクルのエクセルギー解析

4.5 節では理想気体のエンジンサイクルの P-V 線図をもとにしてエクセルギー解析を行った.本節では,クランク角度をパラメータとした**指圧線図**(P-θ 線図)を作成し,それをもとにしてエクセルギー解析を行う.

98　　4.　エンジンシステムのエクセルギー解析

エクセルギーは，初期の温度と圧力から dead state の最終温度と圧力になるまでのシステム内の物質が熱力学的に取り出せる仕事である。任意の温度および圧力において，物質は内部エネルギー，エンタルピー，およびエントロピーなどの熱力学的状態量を持っており，熱力学的エクセルギーは圧力，温度，および体積の関数である。内燃機関のエクセルギーは，クランク角度を θ として以下の式を用いて求めることができる。

$$E(\theta) = U(\theta) + P_0 V(\theta) - T_0 S(\theta) \tag{4.39}$$

内燃機関の内部の作動流体の熱力学モデルを構築するために，以下の前提①〜⑦が成立するとして解析を行う。

① システムは閉じた系である。

② 作動流体は理想気体としてモデル化される。

③ サイクル中のすべての熱損失はエンジン冷却システムによって引き起こされ，対流熱伝達効果のみが考慮される。

④ 圧縮過程と膨張過程はポリトロープ変化として扱う。

⑤ バルブの開閉タイミングは，それぞれのストロークの始点または終点で行われるとする。

⑥ 摩擦，バルブ，ピストンリングブローバイ，スキッシュ，スワールの影響は無視する。

⑦ 燃焼は化学量論的であると仮定する。

4.6.1　ポリトロープ変化過程

図4.1のオットーサイクルの $P\text{-}V$ 線図をもとにして，$P\text{-}\theta$ 線図を作成する。まず，状態1は吸気弁を閉じる時期（intake valve close：**IVC**）とする。このとき，ピストンはBDCにある。つぎにオットーサイクルでは，圧縮終了時の状態2（TDC）において燃焼が瞬間的に起こり，状態3まで圧力が上昇する。状態4になると排気弁が開き（exhaust valve open：**EVO**），ピストンはBDCに戻る。

圧縮過程と膨張過程をポリトロープ変化で近似する。ポリトロープ変化過程

4.6 火花点火エンジンサイクルのエクセルギー解析 99

は，ポリトロープ指数により伝熱現象を考慮しているので，モデルに伝熱を明示的に含める必要はない。

図 4.1 の圧縮過程および膨張過程における圧力と温度は

$(1 \rightarrow 2)$：

$$P_c(\theta) = P_1 \left(\frac{V_1}{V(\theta)} \right)^\gamma, \quad T_c(\theta) = T_1 \left(\frac{V_1}{V(\theta)} \right)^{\gamma-1} \tag{4.40}$$

$(3 \rightarrow 4)$：

$$P_e(\theta) = P_3 \left(\frac{V_3}{V(\theta)} \right)^\gamma, \quad T_e(\theta) = T_3 \left(\frac{V_3}{V(\theta)} \right)^{\gamma-1} \tag{4.41}$$

となるが，式 (4.41) の P_3, T_3 は，つぎのように図 4.1 の P-V 線図の状態 $(2 \rightarrow 3)$ の温度上昇 ΔT から求める。

$$\Delta T = T_3 - T_2$$

熱力学第 1 法則より

$$U_3 - U_2 = m_{\mathrm{fuel}} Q_{\mathrm{LHV}} = m c_v \Delta T,$$

$$\Delta T = \frac{m_{\mathrm{fuel}} Q_{\mathrm{LHV}}}{m c_v}$$

となり，ここで，式 (4.6) を用いて

$$\Delta T = \frac{m_{\mathrm{fuel}} Q_{\mathrm{LHV}}}{m c_v} = \frac{Q^*}{c_v} \tag{4.42}$$

となり，燃焼後の温度 T_3 は次式となる。

$$T_3 = T_2 + \Delta T \tag{4.43}$$

したがって，燃焼後の圧力 P_3 はつぎのように定容変化として決定される。

$$P_3 = P_2 \frac{T_3}{T_2} \tag{4.44}$$

一方，シリンダ内体積変化は図 4.6 に示すピストン-クランク機構から求める（式 (4.45)）。

$$\frac{V(\theta)}{V_c} = \frac{V(\theta)}{V_2} = 1 + \frac{r_c - 1}{2} \left(\frac{l}{r} + 1 - \cos\theta - \sqrt{\frac{l^2}{r^2} - \sin^2\theta} \right) \tag{4.45}$$

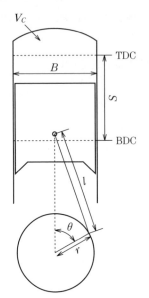

図 4.6 ピストン-クランク機構

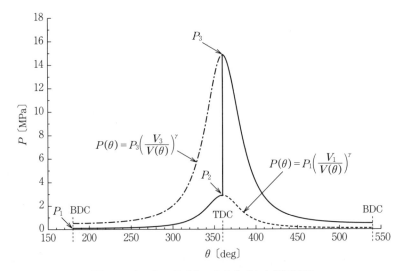

図 4.7 オットーサイクルから作成した指圧線図

ここで，$V_c = V_2$：すきま体積，l：大端部長さ，r：クランク半径，θ：クランク角度である。

式 (4.40)，(4.41)，(4.44) および式 (4.45) を用いて，P-θ 線図を作成する

と図 4.7 になる。

火花点火機関での燃焼は，火花点火後の燃焼期間に行われるので，オットーサイクルのように体積一定ではない。実際には TDC より少し前で燃焼が開始し，TDC 後に燃焼が終了する。そこで，**燃焼開始**（start of combustion：**SOC**）と**燃焼終了**（end of combustion：**EOC**）のクランク角度 θ_{SOC} および θ_{EOC} を適切に与えなければならない。燃焼期間は $\Delta\theta = \theta_{EOC} - \theta_{SOC}$ となる。

4.6.2 燃焼過程の解析モデル

燃焼過程の圧力経過は，燃焼サイクルの圧力 $P(\theta)$ とモータリングサイクルの圧力 $P_c(\theta)$ との比 $f(\theta)$ を用いて定義できる（式 (4.46)）。

$$f(\theta) = \frac{P(\theta)}{P_c(\theta)} - 1 \tag{4.46}$$

燃焼質量割合（mass fraction burned）は，燃焼期間にクランク角度の関数として燃焼された燃料の割合を表す。$f(\theta)$ によって生成される圧力経過は燃焼質量割合の経過に非常に近く，例えば，$f(\theta) = 0.5$ の位置は，50％燃焼質量割合の位置から約 1 ～ 2 deg の差である[2]。したがって，燃焼質量割合を用いて圧力を推定できる。一般に，次式の Wiebe の燃焼関数[3] が圧力比を表すのによく使用される。

$$f(\theta) = 1 - \exp\left[-a\left(\frac{\theta - \theta_{SOC}}{\Delta\theta}\right)^{m+1}\right], \quad \theta_{SOC} < \theta < \theta_{EOC} \tag{4.47}$$

ただし，クランク角度の範囲は以下のとおりである。

$$\theta_{SOC} < \theta < \theta_{EOC}, \quad \Delta\theta = \theta_{EOC} - \theta_{SOC}$$

ここで，式 (4.47) の中の係数は，$m = 2$，$a = 5$ でモデル化されている。

燃焼過程の圧力経過は二つの漸近的な圧力経過である式 (4.40) の $P_c(\theta)$ および式 (4.41) の $P_e(\theta)$ の間で補間することによって生成できる[4]。

燃焼過程（$\theta_{SOC} \leq \theta < \theta_{EOC}$）における圧力経過は，以下のようになる。

$$P(\theta) = (1 - f(\theta))\left(\frac{V_1}{V(\theta)}\right)^\gamma P_1 + f(\theta)\left(\frac{V_2}{V(\theta)}\right)^\gamma P_3$$

$$= \left[r_c^\gamma P_1 + f(\theta)(P_3 - r_c^\gamma P_1)\right]\left(\frac{V_2}{V(\theta)}\right)^\gamma \tag{4.48}$$

$$\frac{T(\theta)}{T_1} = \frac{P(\theta)}{P_1}\frac{V(\theta)}{V_1} \tag{4.49}$$

4.6.3 圧縮・膨張過程の解析モデル

ポリトロープ圧縮過程 ($\theta_{BDC} \leq \theta < \theta_{SOC}$) における圧力経過は,次式になる。

$$P(\theta) = P_1\left(\frac{V_1}{V(\theta)}\right)^\gamma = P_1\left(\frac{r_c V_2}{V(\theta)}\right)^\gamma \tag{4.50}$$

同様に,ポリトロープ膨張過程 ($\theta_{EOC} \leq \theta < \theta_{BDC}$) における圧力経過は,次式になる。

$$P(\theta) = P_3\left(\frac{V_2}{V(\theta)}\right)^\gamma \tag{4.51}$$

図 4.8 はポリトロープ過程と燃焼過程とから圧力経過を構築した例である。

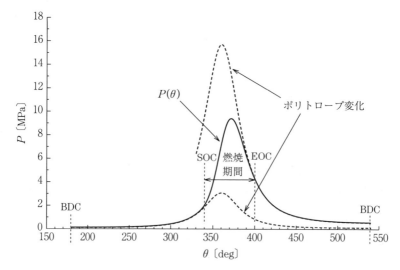

図 4.8 指圧線図の解析モデル

4.6.4 火花点火エンジンのエクセルギー変化

式 (4.39) を用いて比エクセルギー変化を求めると次式になる。状態1は圧縮前のBDCである。

$$e(\theta) - e_1 = \frac{E(\theta) - E_1}{m} = u(\theta) - u_1 + P_0(v(\theta) - v_1) - T_0(s(\theta) - s_1) \quad (4.52)$$

ここで，Q^* を用いると

$$\frac{e(\theta) - e_1}{Q^*} = \frac{u(\theta) - u_1 + P_0(v(\theta) - v_1) - T_0(s(\theta) - s_1)}{Q^*}$$

となり，整理すると次式になる。

$$\frac{e(\theta) - e_1}{Q^*} = \frac{T(\theta)}{Q^*}\left(c_v + \frac{P_0 R}{P(\theta)}\right) - \frac{T_0}{Q^*}\left(c_p \ln \frac{T(\theta)}{T_1} - R \ln \frac{P(\theta)}{P_1}\right)$$
$$- \frac{T_1}{Q^*}\left(c_v + \frac{P_0 R}{P_1}\right) \quad (4.53)$$

ここで，オットーサイクルと同様に，式 (4.26) から

$$\frac{e_1}{Q^*} = 1.028$$

を用いた。その結果を**図 4.9**に示す。

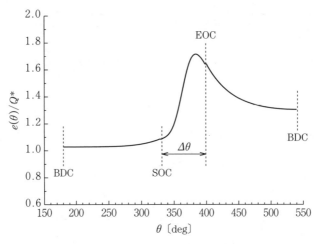

図 4.9 火花点火機関のエクセルギー変化

4.6.5 水素とイソオクタンの比較

水素とガソリン（イソオクタン）を燃料とした場合の火花点火エンジンのエクセルギー解析を行い，比較する．燃焼期間などは**表4.2**[5]に示してある．水素はイソオクタンに比べて燃焼速度が大きいので，燃焼期間は短くなる．

表4.2 燃焼期間と点火時期

燃 料	θ_{SOC} [deg]	θ_{EOC} [deg]	$\Delta\theta$ [deg]
水 素	352	378	26
ガソリン	330	400	70

図4.10にWiebeの燃焼関数を，**図4.11**にP-θ線図を，**図4.12**にエクセルギー変化をそれぞれ示す．イソオクタンに比べて水素の最大圧力は高くなっている．燃焼前のエクセルギーは水素のほうが低いが，最大エクセルギーは水素

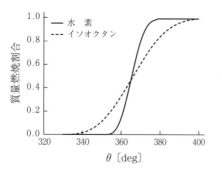

図4.10 Wiebeの燃焼関数

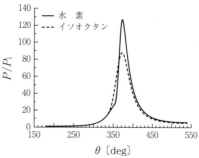

図4.11 Wiebeの燃焼関数を用いたP-θ線図

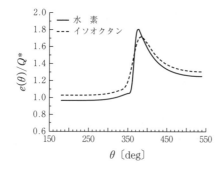

図4.12 水素とイソオクタンのエクセルギー変化

のほうが高くなっていることがわかる。これは，式 (4.27) より，e_1 のエクセルギーが水素のほうが小さいためであるが，燃焼期間が短いので，伝熱損失はイソオクタンに比べて小さくなっており，最大エクセルギーが大きくなることがわかる。

4.7 過給システムのエクセルギー解析

エンジンが供給できる最大出力は，エンジンシリンダ内で効率的に燃焼させることができる燃料量によって制限される。すなわち，各サイクルに各気筒に導入される空気の量によって制限されることになる。吸入された空気がシリンダ内に入る前に周囲より高い密度に圧縮されている場合，行程体積が一定であるエンジンが供給できる最大出力が増加する。これが過給のおもな目的である。動力，トルク，平均有効圧力は吸入空気密度に比例する。ここでは，**スーパーチャージャ**（supercharger）と**ターボチャージャ**（turbocharger）についてエクセルギー解析を行う。

4.7.1 過 給 方 法

エンジンシリンダに入る前にその圧力を増加させることによって空気の密度を増加させることを過給という。これを達成するために二つの基本的な方法がある。第1の方法は，エンジン動力の一部によって駆動される圧縮機が圧縮空気を供給する機械式過給（スーパーチャージャ）である。第2の方法はターボ過給（ターボチャージャ）であり，同軸上の圧縮機と排気タービンを使用して，入口空気の密度を高める。エンジン排気の利用可能なエネルギーは，圧縮機を駆動するタービンを駆動するために使用される。

図 4.13 に，一般的な過給システムの構成を示す。最も一般的な構成として，スーパーチャージャ（図（a））とターボチャージャ（図（b））を示している。図（b）に示すように，シリンダに入る前の圧縮後の熱交換器（インタークーラ）による冷却を行って，空気または混合気の密度をさらに高めることができる。

106　　4. エンジンシステムのエクセルギー解析

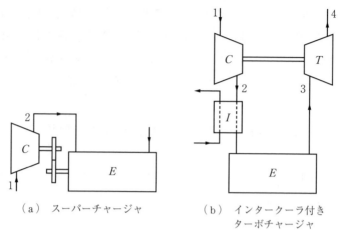

（a）スーパーチャージャ　　　　（b）インタークーラ付き
　　　　　　　　　　　　　　　　　　　ターボチャージャ

C：圧縮機，E：エンジン，I：インタークーラ，T：タービン

図 4.13　一般的な過給システムの構成

4.7.2　基本的な関係式

圧縮機を駆動するのに必要な仕事，およびタービンによって生成される仕事は，熱力学第1法則および第2法則から得られる。ターボ機械の構成要素の周囲の検査容積に適用される第1法則は，定常流れのエネルギー方程式の形で

$$\dot{Q} - \dot{W} = \dot{m}\left[\left(h + \frac{u^2}{2} + gz\right)_{\text{out}} - \left(h + \frac{u^2}{2} + gz\right)_{\text{in}}\right] \quad (4.54)$$

となる。ここで，$\dot{Q}$ は検査容積への熱伝達率，$\dot{W}$ は検査容積外部への軸出力，$\dot{m}$ は質量流量，h は比エンタルピー，$u^2/2$ は比運動エネルギー，gz は比位置エネルギーである（これは重要ではなく省略することができる）。

全エンタルピー h_t は，以下のように定義することができる。

$$h_t = h + \frac{u^2}{2} \quad (4.55)$$

比熱一定の理想気体とし，全温度 T_0 を用いて，式 (4.55) は

$$T_t = T + \frac{u^2}{2c_p} \tag{4.56}$$

となる。式 (4.54) において,タービン,ポンプ,圧縮機の $\dot{Q}$ は通常,無視できるほど小さいので,軸出力 $\dot{W}$ は次式で表される。

$$\dot{W} = \dot{m}(h_{t,\text{in}} - h_{t,\text{out}}) \tag{4.57}$$

ここで,タービンの場合は外部に出力するので,$\dot{W} > 0$ となり,ポンプ,圧縮機の場合は外部から動力を受けるので,$\dot{W} < 0$ となる。

4.7.3 圧縮機の熱力学第 2 法則効率

各装置の効率は,実際の出力を同じ圧力で作動する同等の可逆断熱装置によって必要とされる(または生成される)出力に関連付けるために使用される。熱力学第 2 法則は等エントロピー過程で作動する装置の可逆的断熱動力を決定するために使用される。

圧縮機の場合,熱力学第 2 法則効率 η_{IIC} は

$$\eta_{IIC} = \frac{可逆動力}{実際の動力} \tag{4.58}$$

となる。**図 4.14** に圧縮機を通過するガスの最終状態を h-s 線図で示している。静圧 (P_1, P_2) と全圧 (P_{01}, P_{02}) の両方の定圧ラインが示されている。全エンタル

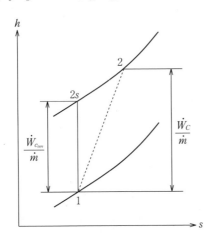

図 4.14 圧縮機の h-s 線図

ピーに対する熱力学第2法則効率は，空気あるいは混合気の定圧比熱は一定としていいので，式 (4.58) から

$$\eta_{\text{II}C} = \frac{h_{t2s} - h_{t1}}{h_{t2} - h_{t1}} = \frac{T_{t2s} - T_{t1}}{T_{t2} - T_{t1}} \tag{4.59}$$

となる．圧縮機を駆動するのに必要な動力 $-\dot{W}_C$ は式 (4.57) から

$$-\dot{W}_C = \dot{m}_i c_{pi}(T_2 - T_1) = \dot{m}_i c_{pi} \frac{T_{2s} - T_1}{\eta_{\text{II}C}} \tag{4.60}$$

となる．添字 i は入口混合気の性質を示す．式 (4.60) は熱力学的動力の要件を与える．また，圧縮機には機械的損失が生じるので，圧縮機を駆動するのに必要な動力 $-\dot{W}_{\text{CM}}$ は機械効率を考慮して

$$-\dot{W}_{\text{CM}} = -\frac{\dot{W}_C}{\eta_m} \tag{4.61}$$

となる．ここで，η_m は圧縮機の機械効率である．

4.7.4 タービンの熱力学第2法則効率

図 4.15 は，h-s 線図上のタービン入口と出口の状態を示している．状態3は入口の全エンタルピーである．4は出口の全エンタルピーである．状態 $4s$ は，等価可逆断熱タービン出口の全エンタルピーを示している．タービンの熱

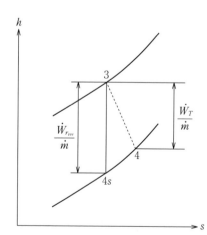

図 4.15 タービンの h-s 線図

力学第2法則効率は

$$\eta_{IIT} = \frac{実際の出力}{可逆出力} \tag{4.62}$$

である。したがって，全エンタルピーによる熱力学第2法則効率は，つぎのようになる。

$$\eta_{IIT} = \frac{h_3 - h_4}{h_3 - h_{4s}} = \frac{T_3 - T_4}{T_3 - T_{4s}} \tag{4.63}$$

ターボ過給機のタービンの出口での運動エネルギーは通常無視できるため，入口の全圧と出口の全圧との間で得られる可逆的断熱出力が得られる。

タービンによる出力は式 (4.57)，(4.63) によって，次式のように得られる。

$$\dot{W}_T = \dot{m}_e(h_3 - h_4) = \dot{m}_e c_{pe}(T_3 - T_4) = \dot{m}_e c_{pe}\eta_{IIT}(T_3 - T_{4s}) \tag{4.64}$$

添字 e は排ガス特性を示す。ターボチャージャでは，タービンは圧縮機に機械的にリンクしている。したがって，一定のターボチャージャ速度では

$$-\dot{W}_C = \eta_m \dot{W}_T \tag{4.65}$$

となる。ここで，η_m はターボチャージャの機械効率である。機械的損失は，主として摩擦損失を有する。これらの損失は分離することが困難であるため，通常，機械効率はタービン効率と組み合わされる。

例題 4.1 **ターボチャージャのエクセルギー解析**

アフタークーラ付きの4サイクル8気筒ターボ過給ディーゼルエンジンは，2 000 rpm，180 kPa の吸気圧力のとき最大定格出力で作動する。ボアは $B = 128$ mm，ストロークは $S = 140$ mm である。アフタークーラ後のインテークマニホールドにおいて，180 kPa，52℃ のとき，体積効率は 0.9 である。また，圧縮機の熱力学第2法則効率は 0.7 とする。大気状態を $P_0 = 100$ kPa，$T_0 = 298$ K とする。ここで，吸入空気，エンジン排気とも理想気体として扱い，ガス定数 $R = 0.287$ kJ/(kg·K)，定圧比熱 $c_p = 1.005$ kJ/(kg·K)，比熱比 $\gamma = 1.4$ とする。

① ターボチャージャの圧縮機を駆動するのに必要な動力を計算する。

② 排ガス温度が 650℃ で，タービン排気は大気に排出される。タービンの

110　　4. エンジンシステムのエクセルギー解析

熱力学第2法則効率が0.65の場合，タービン入口の圧力を推定する。

解　まず，エンジン1気筒の行程体積 V_d は，つぎのとおりである。

$$V_d = \frac{\pi B^2}{4} S = \frac{\pi \times 0.128^2}{4} \times 0.14 = 1.802 \times 10^{-3} \text{ m}^3$$

入口密度は，大気空気密度または入口マニホールド内の空気密度とすることができ，吸入空気の密度吸 ρ_i は，つぎのようになる。

$$\rho_i = \frac{P_i}{RT_i} = \frac{180}{0.287 \times 325} = 1.929\,8 \text{ kg} / \text{m}^3$$

エアフィルタ，キャブレタ，スロットルプレート（火花点火エンジン），インテークマニホールド，インテークポート，インテークバルブは，所与の排気量のエンジンが吸入できる空気量を制限する。体積効率 η_v は，次式のように，吸入システムへの空気の体積流量を，ピストンによって体積が移動される速度で割ったものとして定義される。

$$\eta_v = \frac{2\dot{m}_a}{\rho_{ai} V_d N} \tag{4.66a}$$

ここで，ρ_{ai} は吸入空気密度である。体積効率の代替的な同等の定義は，つぎのとおりである。

$$\eta_v = \frac{m_a}{\rho_{ai} V_d} \tag{4.66b}$$

ここで，m_a は1サイクル当りシリンダ内に導入される空気の質量である。

吸入空気の質量流量 m_a は，つぎのようになる。

$$\dot{m}_a = 8\eta_v \rho_i V_d \frac{N}{2 \times 60} = 8 \times 0.9 \times 1.929\,8 \times 1.802 \times 10^{-3} \times \frac{2\,000}{120} = 0.417\,2 \text{ kg} / \text{s}$$

圧縮機に必要な動力は式（4.60）より，つぎのようになる。

$$-\dot{W}_{Crev} = \dot{m}_i c_{pi}(T_{02} - T_{01}) = 0.417\,2 \times 1.005 \times (325 - 298) = 11.320 \text{ kJ} / \text{s}$$

圧縮機の熱力学第2法則効率を考慮して，圧縮機を駆動するのに必要な動力は，つぎのとおりである。

$$\dot{W}_C = \frac{\dot{W}_{Crev}}{\eta_{IIC}} = \frac{11.320}{0.7} = 16.172 \text{ kJ} / \text{s}$$

一方，タービンから同じ出力を圧縮機に供給しなければならない。タービンの熱力学第2法則効率を考慮して，つぎのように実際に必要なタービンの出力が得られる。

$$\dot{W}_T = \frac{\dot{W}_{Trev}}{\eta_{IIt}} = \frac{\dot{W}_c}{\eta_{IIt}} = \frac{16.172}{0.65} = 24.880 \text{ kJ} / \text{s} \qquad\qquad\blacklozenge$$

4.8 ラジエータのエクセルギー解析

自動車のラジエータは熱交換器であり,エクセルギー損失も起こっている。本節では,ラジエータのエクセルギー解析を行う。

4.8.1 ラジエータの機能

エンジン稼働中は燃焼により高温になるので,使用材料の強度を保ち,摺動部分の潤滑油の特性を保つために,シリンダ,シリンダヘッド,ピストン,吸排気弁などの部品をある適温に冷却しなければならない。自動車のエンジンは限られた量の水で冷却をしなければならないので,ラジエータが必要となる。水冷式エンジンのラジエータの役割は,冷却水によりエンジン各部から運ばれてきた熱を空気中に放出することである。この空気中への熱放出のためには,空気がラジエータを通過し,冷却水との間で熱交換を行うことが必要となる。

4.8.2 ラジエータの伝熱特性

ラジエータを簡略化した模式図を**図 4.16**に示す。

冷却水の質量流量を $\dot{m}_w$,比熱を c_w,入口温度と出口温度を $T_{w,\text{in}}$,$T_{w,\text{out}}$ と

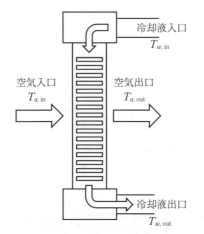

図 4.16 ラジエータの構成

112   4. エンジンシステムのエクセルギー解析

すると，冷却水が失う熱量 $\dot{Q}_w$ は単位時間当り

$$\dot{Q}_w = \dot{m}_w c_w (T_{w,\,in} - T_{w,\,out}) \tag{4.67}$$

となる。冷却空気の質量流量を $\dot{m}_a$，定圧比熱を c_{pa}，入口温度と出口温度を $T_{a,\,in}$，$T_{a,\,out}$ とすると，冷却空気が受け取る熱量 $\dot{Q}_a$ は

$$\dot{Q}_a = \dot{m}_a c_{pa} (T_{a,\,out} - T_{a,\,in}) \tag{4.68}$$

となり，両者は等しく，$\dot{Q}_{ex}$ とおく（式 (4.69)）。

$$\dot{Q}_w = \dot{Q}_a = \dot{Q}_{ex} \tag{4.69}$$

ここで，熱容量を比較すると $\dot{m}_w c_{pw}$ より $\dot{m}_a c_{pa}$ のほうが小さい。四つの温度の最高温度 $T_{w,\,in}$ と最低温度 $T_{a,\,in}$ の間の最大有効温度差 ΔT_{max} は

$$\Delta T_{max} = T_{w,\,in} - T_{a,\,in} \tag{4.70}$$

となり，これを用いて可能な最大放熱量を考えると，放熱量は冷却空気の定圧比熱によって限界があるので，最大放熱量 $\dot{Q}_{max}$ は

$$\dot{Q}_{max} = \dot{m}_a c_{pa} \Delta T_{max} = \dot{m}_a c_{pa} (T_{w,\,in} - T_{a,\,in}) \tag{4.71}$$

となる。**熱交換効率**（heat transfer effectiveness）ε は

$$\varepsilon = \frac{\dot{Q}_{ex}}{\dot{Q}_{max}} = \frac{\dot{m}_w c_w (T_{w,\,in} - T_{w,\,out})}{\dot{m}_a c_{pa} \Delta T_{max}} = \frac{\dot{m}_a c_{pa} (T_{a,\,out} - T_{a,\,in})}{\dot{m}_a c_{pa} (T_{w,\,in} - T_{a,\,in})} = \frac{T_{a,\,out} - T_{a,\,in}}{T_{w,\,in} - T_{a,\,in}}$$

$$\tag{4.72}$$

となり，出口の空気温度 $T_{a,\,out}$ を高めれば，熱交換器の性能が向上する。

4.8.3 熱交換器の熱力学第2法則効率

熱交換器のエクセルギー効率（熱力学第2法則効率）は，JIS Z 9204[6] で定義されている。高温側流体である冷却水のエクセルギー変化は

$$\Delta \dot{E}_w = \dot{E}_{w,\,in} - \dot{E}_{w,\,out} = \dot{Q}_w - T_0 \Delta \dot{S}_w = \dot{Q}_{ex} - \dot{m}_w c_w T_0 \ln \frac{T_{w,\,in}}{T_{w,\,out}} \tag{4.73}$$

となる。同様に，低温側流体である冷却空気のエクセルギー変化は

$$\Delta \dot{E}_a = \dot{E}_{a,\,out} - \dot{E}_{a,\,in} = \dot{Q}_a - T_0 \Delta \dot{S}_a = \dot{Q}_{ex} - \dot{m}_a c_{pa} T_0 \ln \frac{T_{a,\,out}}{T_{a,\,in}} \tag{4.74}$$

となる。したがって，熱力学第2法則効率は以下のように定義される。

$$\eta_{\mathrm{II}} = \frac{\Delta \dot{E}_a}{\Delta \dot{E}_w} = \frac{\dot{Q}_{ex} - \dot{m}_a c_{pa} T_0 \ln(T_{a,\mathrm{out}}/T_{a,\mathrm{in}})}{\dot{Q}_{ex} - \dot{m}_w c_w T_0 \ln(T_{w,\mathrm{in}}/T_{w,\mathrm{out}})} \tag{4.75}$$

また，不可逆性 $\dot{I}_{\mathrm{ex}}$ は入力エクセルギー $\Delta \dot{E}_w$ と出力エクセルギー $\Delta \dot{E}_a$ の差であるから

$$\dot{I}_{\mathrm{ex}} = \Delta \dot{E}_w - \Delta \dot{E}_a = \left(\dot{Q}_{\mathrm{ex}} - \dot{m}_w c_w T_0 \ln \frac{T_{w,\mathrm{in}}}{T_{w,\mathrm{out}}}\right) - \left(\dot{Q}_{\mathrm{ex}} - \dot{m}_a c_{pa} T_0 \ln \frac{T_{a,\mathrm{out}}}{T_{a,\mathrm{in}}}\right)$$

$$= T_0 \left(\dot{m}_a c_{pa} \ln \frac{T_{a,\mathrm{out}}}{T_{a,\mathrm{in}}} - \dot{m}_w c_w \ln \frac{T_{w,\mathrm{in}}}{T_{w,\mathrm{out}}}\right) \tag{4.76}$$

となる．熱交換器の不可逆性を図 4.17 の T-S 線図に示す．

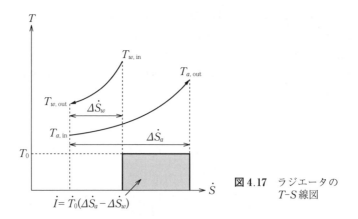

図 4.17　ラジエータの T-S 線図

例題 4.2　**ラジエータの設計計算**

入口温度 $T_{w,\mathrm{in}} = 80℃$，質量流量 $\dot{m}_w = 4.5 \mathrm{~kg/s}$ の冷却水を入口温度 $T_{a,\mathrm{in}} = 20℃$，質量流量 $\dot{m}_a = 5.77 \mathrm{~kg/s}$ の空気で冷却するとき，冷却水の温度降下と放熱量を求める．さらに，エクセルギー変化と熱力学第 2 法則効率を求める．ただし，水の比熱と空気の定圧比熱を $c_w = 4.19 \mathrm{~kJ/(kg \cdot K)}$，$c_{pa} = 1.004 \mathrm{~kJ/(kg \cdot K)}$ とし，熱交換効率 $\varepsilon = 0.38$ とする．

解　まず，式 (4.72) より，空気の出口温度 $T_{a,\mathrm{out}}$ を求めると
$T_{a,\mathrm{out}} = \varepsilon(T_{w,\mathrm{in}} - T_{a,\mathrm{in}}) + T_{a,\mathrm{in}} = 0.38 \times (80 - 20) + 20 = 42.8℃ = 315.95 \mathrm{~K}$
となり，放熱量は

4. エンジンシステムのエクセルギー解析

$$\dot{Q}_a = \dot{m}_a c_{pa}(T_{a,\text{out}} - T_{a,\text{in}}) = 5.77 \times 1.004 \times (42.8 - 20) = 132.08\,\text{kW} = \dot{Q}_w$$

となるので，温度降下は以下のようになる。

$$T_{w,\text{in}} - T_{w,\text{out}} = \frac{\dot{Q}_w}{\dot{m}_w c_{pw}} = \frac{132.08}{4.5 \times 4.19} = 7.005\,\text{℃}$$

したがって，冷却水の温度は約 7℃ だけ下がり，$T_{w,\text{in}} = 353.15\,\text{K}$，$T_{w,\text{out}} = 346.14\,\text{K}$ となる。

つぎに熱力学第 2 法則効率を計算する。式 (4.75) に値を代入すると

$$\eta_{\mathrm{II}} = \frac{\dot{m}_a c_{pa}\left[T_{a,\text{out}} - T_{a,\text{in}} - T_0 \ln\left(T_{a,\text{out}}/T_{a,\text{in}}\right)\right]}{\dot{m}_w c_w\left[T_{w,\text{in}} - T_{w,\text{out}} - T_0 \ln\left(T_{w,\text{in}}/T_{w,\text{out}}\right)\right]}$$

$$= \frac{5.77 \times 1.004 \times \left[42.8 - 20 - 298 \times \ln\left(315.95/293.15\right)\right]}{4.5 \times 4.19 \times \left[80 - 72.99 - 298 \times \ln\left(353.15/346.14\right)\right]}$$

となる。したがって，エンジン冷却水のエクセルギーの約 86% はラジエータにおいて消滅することがわかる。

不可逆性を式 (4.76) を用いて求めると，つぎに示すように 16.726 kW となる。

$$\dot{I}_{\text{ex}} = T_0\left(\dot{m}_a c_{pa} \ln\frac{T_{a,\text{out}}}{T_{a,\text{in}}} - \dot{m}_w c_w \ln\frac{T_{w,\text{in}}}{T_{w,\text{out}}}\right)$$

$$= 298 \times \left(5.77 \times 1.004 \times \ln\frac{315.95}{293.15} - 4.5 \times 4.19 \times \ln\frac{353.15}{346.14}\right) = 16.726\,\text{kW} \quad \blacklozenge$$

5

自動車パワートレインの
エクセルギー解析

　本章では，ターボ過給または自然吸気された火花点火機関や圧縮着火機関（直接噴射または間接噴射）に熱力学第2法則を適用している文献を紹介する。エンジンシリンダおよびサブシステム（圧縮機，インタークーラ，吸気マニホールド，排気マニホールド，タービン）のエクセルギー収支は，状態変化，化学的エクセルギー，流れおよび燃料のエクセルギー，および完全な dead state（熱力学的平衡かつ化学平衡状態の dead state）を用いて解析する。熱力学第2法則効率を用いた評価とさまざまなプロセスやサブシステムの不可逆性に特に注意を払う。後者は伝統的な第1法則による解析では計算できないので，特に重要である。これらのプロセスやサブシステムを評価するうえで，第2法則による解析と第1法則による解析のおもな違いも検討する。

　また，火花点火エンジンの代替燃料としてアルコールや水素を用いる場合には，発熱量や燃焼特性が異なるので単純には比較できないが，エクセルギー解析を用いて基本設計を検討することができる。

5.1　エンジンシステムのエクセルギー解析

5.1.1　熱力学的平衡と化学平衡

　ある状態における系のエクセルギーは，熱的平衡，力学的平衡，および化学平衡に達すると，系とその周囲との相互作用によって生成されうる最大の可逆仕事として定義される。通常，熱力学的平衡および化学平衡に関連する項は，区別して別々に計算される。

　エクセルギーはつねに正の値を持つ状態量であり，その値は系の状態だけでなく周囲の状態量にも依存する。熱平衡，力学的平衡，化学平衡が環境に存在

116   5. 自動車パワートレインのエクセルギー解析

する場合，系にはエクセルギーがない。熱平衡は系の温度が周囲環境の温度と等しい場合に達成される。同様に，力学的平衡は作動媒体と環境との間に圧力差がない場合に達成される。

化学平衡は，環境の物質と相互作用して仕事をする可能性がある物質が存在しない場合にのみ達成される。エンジンの場合，すべての成分は系が可逆的な方法で酸化（例えば燃料，CO，H）または還元（例えばNO，OH）のいずれかで dead state にならなければならない。したがって，大気と化学的に反応することができず，dead state で混合ガスの成分を構成する成分は，O_2，N_2，CO_2，および H_2O だけである。

エンジン用途では，dead state の（環境）圧力および温度条件は，通常，P_0 = 101.325 kPa および T_0 = 298.15 K とし，化学エクセルギーも考慮する場合，環境のモル組成は，20.35％ O_2，75.67％ N_2，0.03％ CO_2，3.03％ H_2O，および 0.92％の種々の他の物質となる。dead state における変化は，系のエクセルギーの値の変化に影響する。

ディーゼルエンジンの希薄燃焼運転に関する仕事（特に単一ゾーンモデルを使用する場合）には，実質的な化学エクセルギーを含むことがある排気中に未反応物質はほとんどない。もちろん，これは，過濃混合気で作動する火花点火エンジンの場合とは異なる。興味深い状況は，マルチゾーンモデルを使用してディーゼルエンジンの燃焼をシミュレートするときに発生する。

化学エクセルギーは，エンジンシステムでは仕事に変換できないという議論もある。しかし，燃料電池システムでは熱的成分がほとんどないので，エクセルギーは電力に変換され，実際には電解質膜を通る等温流れによって仕事の回復が達成される。

5.1.2　熱力学的エクセルギーと化学エクセルギー

〔1〕　熱力学的エクセルギー

環境との熱や仕事の相互作用を行っている閉じた系では，熱力学的エクセルギーについて，単位質量当り，次式が成り立つ。

$$e_{\text{tm}} = \left(\frac{u^2}{2} + gz + u - u_0\right) + P_0(v - v_0) - T_0(s - s_0) \tag{5.1}$$

ここで，$u^2/2$ は運動エネルギー，gz は位置エネルギー，P_0 および T_0 は環境の一定の圧力および温度である。u_0, v_0, s_0 は P_0 と T_0 にもたらされた dead state における比内部エネルギー，比体積，比エントロピーである。

熱力学的 dead state では，系が環境と熱的にも機械的にも平衡している。しかしながら，化学平衡は考慮しない。すなわち，熱力学的 dead state における系の組成と環境の組成との間に差があれば，いくらかの仕事回復が可能である。

〔2〕 化学エクセルギー

熱力学的 dead state にある系もまた周囲環境に入ることができるが，周囲環境と化学的に反応しないようにすると，理想気体の混合物の場合，dead state (P_0, T_0) における化学エクセルギーは，次式のようになる。

$$e_{\text{fuel}} = \left(\frac{\Delta G^\circ}{\Delta H^\circ}\right) Q_{\text{LHV}}^\circ \tag{5.2}$$

ここで，完全な dead state における燃料の低発熱量を Q_{LHV}°，燃料の標準生成エンタルピーと標準生成ギブスエネルギーをそれぞれ ΔH°, ΔG° とする。この化学エクセルギーは，系が環境組成と平衡に達したときの最大仕事を表している。

5.1.3 エンジン内エクセルギー変化の一般式

周囲環境との吸排気を行っている開いた系の場合，クランク角度に対する全エクセルギー変化に次式が成り立つ。

$$E(\theta) = \left(1 - \frac{T_0}{T}\right) Q(\theta) - (P - P_0) V(\theta) + E_{\text{chem}}(\theta) - I_{\text{comb}}(\theta) \tag{5.3}$$

（1） $E(\theta)$：全エクセルギー変化：エンジンシリンダ内のクランク角度に対するエクセルギー変化である。

（2） $(1 - T_0/T)Q(\theta)$：熱伝達によるエクセルギー変化：**熱伝達**（heat transfer）に関連するエクセルギー項である。有限温度差のもとでのより低温

118　　5.　自動車パワートレインのエクセルギー解析

の媒体への熱伝達などによるエクセルギー消滅である。

（3）　$(P-P_0)V(\theta)$：外部仕事によるエクセルギー移動：機械的または電気的な外部仕事に関連するエクセルギー項である。

（4）　$E_{chem}(\theta)$：燃料の化学エクセルギー変化：化学エクセルギーは，燃料混合気を吸入した後の下死点（θ_{BDC}）から燃焼開始（θ_{SOC}）まで，燃焼開始から終了（θ_{EOC}）まで，および燃焼終了から排気直前の下死点までの三つのパート①〜③に分ける。

①　圧縮過程：$\theta_{BDC}<\theta<\theta_{SOC}$（化学反応がないので一定値）

$$E_{chem}(\theta) = m_{fuel}e^{\circ}_{fuel} \tag{5.4}$$

m_{fuel} は燃料質量を表し，e°_{fuel} は燃料の次式の比エクセルギーである。

$$e^{\circ}_{fuel} = \left(\frac{\Delta G^{\circ}}{\Delta H^{\circ}}\right)Q^{\circ}_{LHV} \tag{5.5}$$

ここで，$\Delta G^{\circ}/\Delta H^{\circ}$ は付録 B. の付表 2 より以下の値である。

$$\frac{\Delta G^{\circ}}{\Delta H^{\circ}} = 0.945 \text{（水素）}, \quad \frac{\Delta G^{\circ}}{\Delta H^{\circ}} = 1.028 \text{（ガソリン）}$$

②　燃焼過程：$\theta_{SOC}<\theta<\theta_{EOC}$

$$E_{chem}(\theta) = m_{fuel}[x(\theta)e^{\circ}_{fuel} + (1-x(\theta))e^{\circ}_{burned}] \tag{5.6}$$

ここで，e°_{burned} は燃焼ガスの比エクセルギーを表し，$x(\theta)$ は次式の質量燃焼割合である。

$$x(\theta) = 1 - \frac{\theta - \theta_{SOC}}{\theta_{EOC} - \theta_{SOC}} \tag{5.7}$$

ただし，$x(\theta)$ は式（4.47）の Wiebe 燃焼関数を用いたほうがより実際に近くなる。

③　膨張過程：$\theta_{EOC}<\theta<\theta_{BDC}$（化学反応がないので一定値）

$$E_{chem}(\theta) = m_{fuel}e^{\circ}_{burned} \tag{5.8}$$

（4）　$I_{comb}(\theta)$：燃焼によるエクセルギー消滅：燃焼によるシリンダ体積内の不可逆生成の割合である。エントロピー収支 $I=T_0S_G$ に基づいて，S_G は不可逆性によるエントロピー生成を示す。

$$I_{\mathrm{comb}}(\theta) = T_0 S_{\mathrm{comb}}(\theta) \tag{5.9}$$

5.2 火花点火エンジンのエクセルギー解析

5.2.1 エンジン速度と負荷がエクセルギーに及ぼす影響[7]

図5.1は，**正味平均有効圧力**（brake mean effective pressure：**BMEP**）が325 kPa，および当量比が1.0の場合のエンジン速度の関数としての燃料のエクセルギーに対する比率を表している。図のように，エンジン速度の影響は少なく，最も大きな変化は熱伝達によるものである。エンジン速度が増加するにつれて，熱伝達によりシリンダ壁に移動したエクセルギーが減少する。これは熱伝達率が増加しても熱伝達が行われる時間が短いためである。排気によって放出されるエクセルギーは，エンジン速度に対してわずかに増加する。燃焼によって消滅するエクセルギーは約20.7〜21.2%の範囲でほぼ一定である。

エンジン速度および負荷の熱力学第1法則（エネルギー）および第2法則（エクセルギー）の比率に与える影響が，自動車用の8気筒のSIエンジンを用いて調べられている[7]。速度および荷重をそれぞれ3種類ずつ変化させ，トル

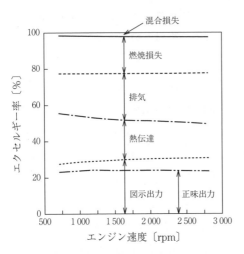

図5.1 エンジン速度の影響（BMEP = 325 kPa，$\phi = 1.0$）

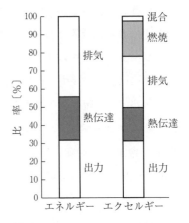

（V8，5.7 L，2800 rpm，325 kPa BMEP）

図5.2 SIエンジンのエネルギーとエクセルギー収支

120　　5.　自動車パワートレインのエクセルギー解析

クを最大にするように燃料空気比を理論混合気に調整した。**図5.2**は，エンジン速度2 800 rpm，BMEP = 325 kPaの場合の結果を示している。その結果，以下のことがわかった。

①　最高速度，最高負荷において，壁面への熱損失は燃料エクセルギーの15.9 ～ 31.5%の範囲であった。

②　最低速度，最低負荷において，排気への熱損失は燃料エクセルギーの21.0 ～ 28.1%の範囲であった。

③　燃焼不可逆性による燃料エクセルギーの損失は20.3 ～ 21.4%であった。

④　シリンダガスと新気の混合プロセスによって失われた燃料エクセルギーは0.9 ～ 2.3%の範囲であった。

図5.1からもわかるように速度の影響は少なく，その最大の影響は熱伝達によるエクセルギーの移動である。

5.2.2　圧縮天然ガスエンジンのエクセルギー解析[8]

この研究では，**圧縮天然ガス**（compressed natural gas：**CNG**）を燃料とし，熱力学的状態量を一定とした単一ゾーン熱放出モデルを空気サイクルシミュレーションに組み込んでいる。同時に，燃焼質量割合がクランク角度の正弦関数とするより包括的な2ゾーン燃焼モデルも，燃料・空気エンジンサイクルシミュレーションに組み込まれている。

計算にはおもに圧力，未燃焼および燃焼領域温度，図示仕事，熱損失，質量ブローバイ，燃焼によるエクセルギー消滅，燃料の化学エクセルギー，熱伝達によるエクセルギー，仕事によるエクセルギー，および環境へのエクセルギー排出が含まれている。実験データによるシミュレーション結果の検証は，Daimler Chrysler 4.7 LのCNG燃料供給V8エンジンを用いてWOT，4 000 rpmで実施された。

図5.3は，Wiebe燃焼関数を備えたCNGおよびガソリン燃料SIエンジンの燃料エネルギー，およびエクセルギーの比率を示す。両者の割合は近似しており，同じ傾向である。CNGとガソリンの燃焼不可逆性は同等であるが，熱伝

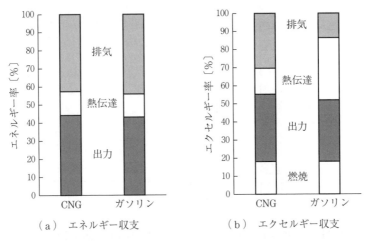

図 5.3 CNG とガソリンのエネルギーとエクセルギー収支

達によるエクセルギー消滅は CNG 燃料供給のほうがより低い．具体的には，燃焼によるエクセルギー消滅の場合，Wiebe 燃焼関数では，CNG の場合は 17.96％，ガソリンの場合は 17.80％を予測しているが，このモデルでは CNG では 18％，ガソリンでは 17.90％である．一方，熱伝達によるエクセルギー消滅は，Wiebe 燃焼関数では，CNG が 14.81％，ガソリンが 23.18％，このモデルでは，CNG が 13.8％，ガソリンは 22.53％を予測している．したがって，現在のモデルと Wiebe 燃焼関数との比較から，燃焼プロセスを正確にシミュレートするためには，より現実的な燃焼モデルを構築することが必要である．

5.2.3 水素火花点火エンジンのエクセルギー解析

図 5.4 は，化学量論条件におけるガソリンエンジンと水素火花点火エンジンに対してエクセルギー解析を行った例である[9]．水素の燃焼がガソリンの燃焼より不可逆性が少ないことが指摘されている．水素の低発熱量（120.1 MJ/kg）の 11.7％（14.1 MJ/kg）は，水素燃焼におけるエクセルギー損失である．これは，ガソリンエンジンの場合の低発熱量（44.0 MJ/kg）のエクセルギー損失である 29.1％（12.8 MJ/kg）の半分以下である．その結果，全体の不可

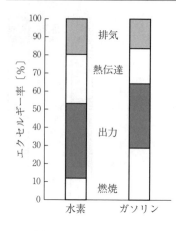

図5.4 水素とガソリンの
エクセルギー収支

逆性の77％は吸気マニホールドにおける予熱，圧縮行程の間の加熱などに起因し，14％は燃焼時の発熱反応に起因し，残りの9％は吸気マニホールドにおける燃料混合気の生成と燃焼前に残留燃焼ガスと燃料混合気を混合することに起因するとしている。

つぎに，天然ガスエンジンに水素を添加し，水素の添加率を変化させた例[10]を紹介する。**表**5.1に運転条件を，**図**5.5に熱力学第2法則効率を示す。天然ガスとして純メタン（CH_4）を用いている。

表5.1　エンジン運転条件

H_2〔％〕	0	10	30	50
CH_4〔％〕	100	90	70	50
空燃比〔A/F〕	17.19	17.43	18.07	19.10
低発熱量 Q_{LHV}〔MJ/kg〕	49.994	50.959	53.575	57.817
理論混合比における燃焼速度〔cm/s〕	40	56	88	120

燃料・空気の混合気を希薄にしていくと，熱力学第2法則効率はわずかに増加するが，燃焼速度の減少のため急激に減少する。これは，空気過剰率が増加するので，熱伝達と排気流動によるエクセルギーの移動が速くなるためである。水素添加により消炎距離が減少し，燃焼温度がより高くなるので，シリンダからの熱伝達が増加する。そのため，空気過剰率が1.5を超えると，熱力学第2法則効率が明らかに改善する。空気過剰率が約1.8の場合，空気過剰率

5.2 火花点火エンジンのエクセルギー解析

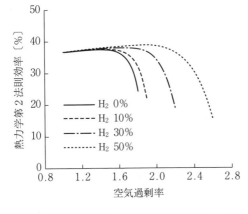

図 5.5 水素添加時の空気過剰率の影響

1.5 に比べて，水素添加が増えることにより最大シリンダ圧力と最大熱放出がより顕著に上昇した．天然ガス中の水素添加量を増加させると，燃焼温度の増加と燃焼期間の減少によりエントロピー生成が減少するので，燃焼の不可逆性が減少することになる．不可逆性が低ければ低いほど，熱力学第2法則効率はより高くなり，逆もまた同様である．天然ガスに水素を添加すると，添加率に比例して熱力学第2法則効率は上昇し，この傾向は希薄燃焼限界付近で明確に現れることがこの研究で示されている．

図 5.6 は，表 5.1 のエンジンを用いて，回転速度 1 200 rpm，空気過剰率

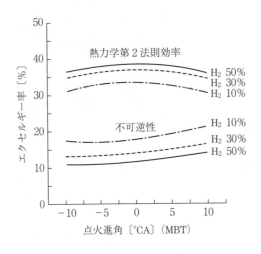

図 5.6 水素添加時の点火進角の影響

1.8で点火進角を変化させて運転し,エクセルギー率を求めた結果である[10]。点火進角は **MBT** (minimum advance for the best torque) からのものである。燃焼プロセスによって消滅するエクセルギーが,より低いシリンダガス温度のために燃焼の開始が遅れるにつれてわずかに増加することを示している。この結果はまた,天然ガスに水素を添加すると,点火時期の最適化が燃焼の不可逆性を著しく減少させ,比較的高い第2法則効率を維持できることも示している。図の結果はまた,約30%の水素を天然ガスに添加すると,希薄混合気の燃焼と点火時期の最適化(点火時期の遅れ)が,燃焼の不可逆性を著しく減少させ,比較的高い熱力学第2法則効率を示すことがわかる。

5.2.4 エタノールエンジンのエクセルギー解析[11]

エタノール燃料エンジンとガソリン燃料エンジンのエネルギー収支を図5.7に,エクセルギー収支を図5.8に示す。8気筒,4.7LのSIエンジンで,4 000 rpm,**WOT** (wide open throttle) で運転している。熱伝達によるエクセルギーの値は正味熱量の値よりも低く,排気としてシリンダから流出するエクセルギーは流出エネルギーと比例している。しかしながら,圧縮比が低下したエタ

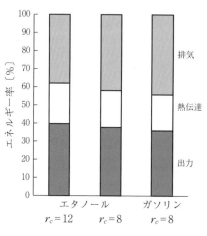

図5.7 エタノールエンジンとガソリンエンジンのエネルギー収支

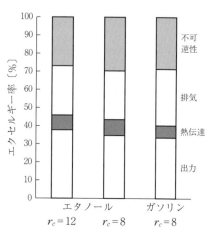

図5.8 エタノールエンジンとガソリンエンジンのエクセルギー収支

ノールエンジンの不可逆性の割合は，このエンジンが圧縮比に関して最適化されていないという事実に起因する．

エタノール燃料エンジンの燃焼で観察されたより小さな不可逆性が高い圧縮比によるものであるかどうかを評価するために，実際には現実的ではないが，ガソリンエンジンの同じ圧縮比で作動するエタノールエンジンのモデルを用いてシミュレートした．そうすることで，二つのエンジンの違いは燃料の種類だけである．図5.9は，二つのエンジンの燃焼プロセス中の不可逆性率を示しており，エタノールエンジンはガソリンエンジンよりも小さな不可逆性を示していることがわかる．

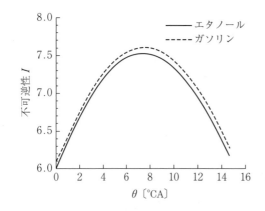

図5.9 エタノールエンジンとガソリンエンジンの不可逆性

圧縮比がガソリンと同じであっても，エタノール燃料供給エンジンの燃焼効率は，相対空燃比の同じ範囲に比較した場合，ガソリンよりも高い．

5.3 ディーゼルエンジンのエクセルギー解析

本節では，ディーゼルエンジンのエクセルギー解析について考える．ディーゼルエンジンでは燃料噴射時期がエンジン性能を左右する．噴射時期がエクセルギーに及ぼす影響と今後，期待されるバイオ燃料ディーゼルエンジンについてエクセルギー解析を行った例を紹介する．

5.3.1 燃料噴射時期がエクセルギーに及ぼす影響[12]

6気筒,10 L,ターボ過給器およびインタークーラ付きの直接噴射型ディーゼルエンジンを用いて,重要なエンジンパラメータである燃料噴射時期がエクセルギーに及ぼす影響を調べた例を紹介する。

図5.10に示すように,最適な噴射タイミングは,熱伝達損失と他の損失によるエクセルギーとの間のトレードオフの結果となる。噴射時期を早めると,筒内温度および圧力は上昇し,シリンダ壁への熱伝達によるエクセルギー損失を増加させる。

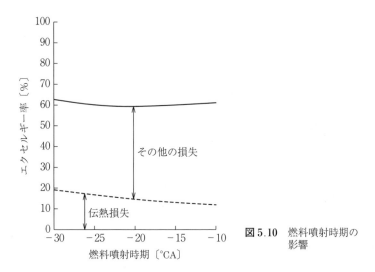

図5.10 燃料噴射時期の影響

最適な噴射タイミングが存在し,熱伝達によって失われた利用可能なエネルギーとシステム内の他の損失との間のトレードオフの結果として得られる。噴射時期が進角するにつれて,筒内温度および圧力は上昇し,燃焼不可逆性は減少するが,シリンダ壁への熱伝達に伴うエクセルギー損失が著しく増加する。これらの効果を組み合わせることにより,エクセルギーの損失が最小限に抑えられ,最適な噴射タイミングが得られる。

5.3.2 バイオ燃料ディーゼルエンジンのエクセルギー解析[13]

図5.11は，バイオ燃料を用いた直接噴射型ディーゼルエンジンにエクセルギー解析を用いた例である。バイオ燃料として綿実油とパーム油を用い，ニートのディーゼル燃料との比較も行っている。燃料性状を表5.2に示す。

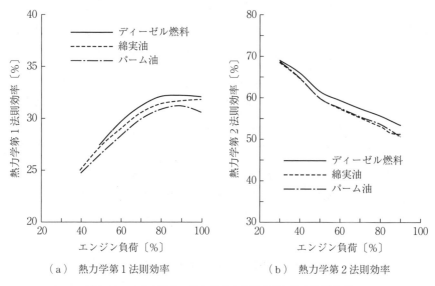

(a) 熱力学第1法則効率　　　(b) 熱力学第2法則効率

図5.11 バイオ燃料の熱力学第1法則効率と第2法則効率

表5.2 バイオ燃料の燃料性状

	ディーゼル燃料	綿 実 油	パーム油
化 学 式	$CH_{1.73}$	$CH_{1.81}O_{0.10}$	$CH_{1.84}O_{0.11}$
密度 20℃ 〔kg/m³〕	844	921	915
粘度 37.8℃ 〔mm²/s〕	4	38	60
低発熱量〔MJ/kg〕	42.750	36.780	36.920
セタン価	50	35〜40	38〜40
融　点〔℃〕	−18	−3	23/50
引火点〔℃〕	93	243	280

これらのすべての燃料に対して，熱力学第2法則効率と第1法則効率は逆の傾向になっている。すなわち，エンジン負荷が増加すると，第1法則効率は上昇するが，第2法則効率は減少する。エクセルギー解析に基づいて，エンジン負荷が低いほど，熱力学第2法則に関するエンジンの性能が優れていると結論

128　　5.　自動車パワートレインのエクセルギー解析

付けている。この結論は NO 排出と CO_2 排出の解析によって確認され，排出ガスによるエクセルギー消滅が低負荷では小さいことがわかる。したがって，このエンジン負荷範囲で環境にやさしいといえる。

この結論はディーゼル燃料のみに有効である。ディーゼル燃料を低負荷で，またはアイドル時にも使用する場合，技術的制約がないからである。しかし，植物油（純粋で高濃度の混合物，純粋な植物油の50％から始まる）では，低負荷（最大負荷の0～50％）のとき，高い粘性と低い揮発性のために不完全燃焼と燃料霧化が不十分である。直接噴射エンジンに関する研究の大部分は，最大エンジン負荷の少なくとも50％のディーゼルから植物油への切替えを示唆している[13]。

これらの技術的制約は，第2法則効率とガス排出量（NO と CO_2）との間のトレードオフにつながり，比較的良好なエクセルギー効率と低ガス排出が達成できるエンジン負荷のトレードオフゾーンを提案することを可能にする。このトレードオフゾーンは，最大エンジン負荷の60～70％の範囲にある。

5.4　燃料電池自動車のエクセルギー解析

5.4.1　エネルギー形態によるエクセルギー量

エネルギー量が等しくてもエネルギー形態によってエクセルギーの値は異なる。例えば，力学的エネルギーと電磁気学的エネルギーはそのものがエクセルギーといってよい（式 (5.10)）。

$$E = \Delta H \tag{5.10}$$

化学エネルギーの場合，物質によって異なり，ギブスの自由エネルギーに等しい。$T_0 \Delta S$ は仕事にならずに，熱として廃棄される部分である（式 (5.11)）。

$$E = \Delta G = \Delta H - T_0 \Delta S \tag{5.11}$$

一方，化学エネルギーが燃焼によって熱エネルギーとなった場合，化学エネルギーのすべてが熱に変換するから，$\Delta H = Q$ となり，ここから取り出せる最大の仕事はカルノー効率（付 A.3）に基づく。可逆性のカルノーサイクルを作

動させる熱機関は，カルノー熱機関と呼ばれる。カルノー熱機関の熱効率は，高熱源の温度を T_H，排熱を捨てる低熱源の温度を T_L とすると，$\eta = 1 - T_L/T_H$ によって与えられる。この効率を周囲環境状態に適用すると，$T_L = T_0$，$T_H = T$ となるので，熱のエクセルギーは式 (5.12) のように表せる。

$$E = \left(1 - \frac{T_0}{T}\right)Q = \left(1 - \frac{T_0}{T}\right)\Delta H \tag{5.12}$$

式 (5.12) は，T と T_0 の二つの熱源の間で作動する理論的に最高効率の熱機関を表している。これは図 5.12 に示すように温度の関数となり，高温度の物質ほどエクセルギーが大きくなる。

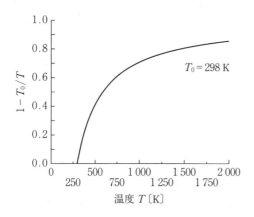

図 5.12 カルノー熱機関の熱効率と温度の関係

5.4.2 燃料電池自動車のエクセルギー[14]

例えば，ハイブリッド自動車のエネルギー収支（熱力学第 1 法則）とエクセルギー収支（熱力学第 2 法則）を考える。図 5.13 に示すように，燃料の持つ化学エネルギーを最終的には電気エネルギーに変換し，モータの動力を得てい

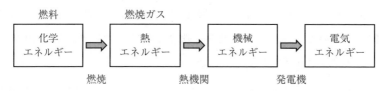

図 5.13 シリーズハイブリッド自動車のエネルギー変換の流れ

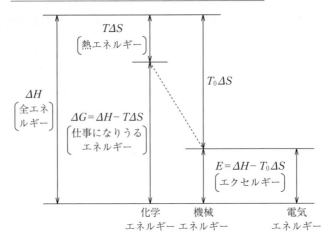

図5.14 ハイブリッド自動車のエクセルギーの流れ

る．熱力学第2法則を用いると，図5.14に示すように，全エネルギーが ΔH である燃料は，仕事になりうるエネルギー，すなわちギブスエネルギー ΔG と仕事にならずに熱になってしまうエネルギー $T\Delta S$ に分けることができる．燃料電池などの場合には，直接，この ΔG が仕事（電気）に変換できるが，エンジンなどの熱機関の場合には，燃焼熱を仕事に変換することになる．この場合，周囲環境状態に達するまでのエントロピー変化による熱の部分を差し引いた残りがエクセルギーとなる．したがって，エクセルギー解析から考えると設計開発上の種々の問題があるとしても，ハイブリッド自動車より燃料電池車のほうがエネルギー有効利用の可能性が大きいことになる．

PEM燃料電池のエクセルギーに基づく持続可能性パラメータを開発するためには，熱力学の第2法則を利用してPEM燃料電池のエクセルギー解析を実施することが主要なステップである．PEM燃料電池の一般的な質量，エネルギー，およびエクセルギー収支は，図5.15に示すように描くことができる．この図に基づいて，PEM燃料電池の一般的なエクセルギー収支は，PEM燃料電池の動作原理を考慮すると

$$\dot{E}_{\text{FCin}} = \dot{E}_{\text{FCout}} + \dot{E}_{rw} + \dot{E}_{uw} + \dot{I} \tag{5.13}$$

となる．式 (5.13) において，エクセルギー入力を $\dot{E}_{\text{FCin}}$，エクセルギー出力を

5.4 燃料電池自動車のエクセルギー解析

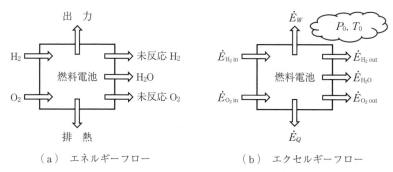

(a) エネルギーフロー   (b) エクセルギーフロー

図 5.15 燃料電池のエネルギーフローとエクセルギーフロー

$\dot{E}_{\text{FCout}}$ とする。また，未反応水素のうち，再利用可能なエクセルギーを $\dot{E}_{rw}$，未利用のエクセルギーを $\dot{E}_{uw}$ とし，利用不可能なエクセルギー（不可逆性）を $\dot{I}$ とする。

図 5.16 に示すように，燃料電池で消費される水素のエクセルギー量が増加すれば，電流密度も同様に増加する[15]。さらに，燃料電池による発電の間，エクセルギー損失は同様に必ず増加する。セルが一定の条件のもとで稼働するとき，電流密度が $0.045 \sim 0.935 \, \text{W/cm}^2$ になる間，$0.000\,229 \sim 1.035 \, \text{W/cm}^2$ のエクセルギー損失が発生するので，$0.05 \sim 2 \, \text{A/cm}^2$ の電流密度が増加し，

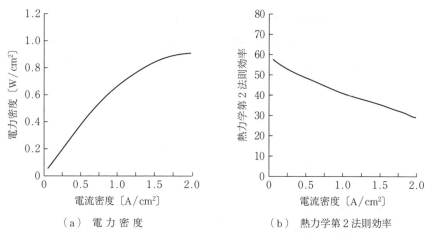

(a) 電力密度   (b) 熱力学第2法則効率

図 5.16 燃料電池の電力密度と熱力学第2法則効率

132   5.　自動車パワートレインのエクセルギー解析

エクセルギー効率が 0.560 から 0.293 まで減少する。さらにまた，電流密度の増加は，エクセルギー損失と同様に電流密度を増加させる。エクセルギー効率に直接，影響を及ぼすエクセルギー損失を減少させるための最良の方法の一つは，不可逆性がより小さい材料を使って燃料電池を製造することである。

5.5　アンモニア燃料自動車のエクセルギー解析

　本節では，アンモニア燃料電池システムのエクセルギー解析と動力システム全体の評価について述べる。また，燃料電池の代替燃料としてアンモニアの可能性と車載アンモニア分解器システムを備えた燃料電池車両の可能性も示す。

5.5.1　自動車用燃料としてのアンモニア[16]

　燃料電池自動車に水素を供給する方法は二つある。一つは，高圧水素ボンベまたは液体水素タンクから直接供給する方法である。もう一つは，メタノール，ガソリン，天然ガス，エタノール，ジメチルエーテル，あるいはアンモニアなどの燃料改質である。その中でも，アンモニアは低圧で容易に液化することができ，理論的には高濃度の水素と窒素の混合物に分解することができるので，燃料電池車用の液体燃料としての可能性がある。アンモニアはまた，炭素を含有しない燃料のために地球温暖化の点で有利である。一酸化炭素は，特にほとんどの低温燃料電池の触媒の毒であり，アンモニア分解器からは放出されない。

　アンモニアの発熱量は 383 kJ/mol であるが，通常は燃料としてではなく，窒素肥料や化学物質として使用される。しかし，エネルギー輸送システムの一つとして，アンモニア輸送貯蔵システムも検討されている。海外の豊富な水力発電所で発生した水力エネルギーは，水の電気分解により水素を分解し，空気中の水素と窒素はアンモニアを合成する。アンモニアは輸送された後，必要とされる場所で水素に分解される。

　式 (5.14) に示すように，1 mol のアンモニアから 3/2 mol の水素と 1/2 mol

の窒素が生成される。右辺の水素と窒素の混合ガスを，ここでは「分解アンモニア」と呼ぶ。

$$NH_3 \rightarrow \frac{3}{2}H_2 + \frac{1}{2}N_2 \tag{5.14}$$

この反応は吸熱反応であるため，分解したアンモニアの発熱量は12.0％増加して429 kJ/mol になる。

アンモニアは毒性ガスであり，注意深く取り扱わなければならない。しかし，ユニークな刺激臭のために漏れを検出することは容易である。アンモニアは，液化による高エネルギー密度の燃料でもありうる。また，アンモニア製造時の CO_2 排出量は石油に比べて大幅に削減されている。アンモニアの燃料コストは石油の燃料コストに比較的近い。その結果，アンモニアは燃料電池の代替燃料として優れた可能性を秘めている。

車両用途の触媒は，貴金属触媒と比較して1/1 000のコストのニッケル/アルミナ触媒を使用する。LPG 車の技術は，燃料タンク，気化器，燃料ステーションに適用することができる。さらに，エアコンディショナにはアンモニアの潜熱を利用すれば，圧縮機を必要としない。

5.5.2 アンモニア燃料電池システム[17]

コンパクトカーに適用するためのアンモニア燃料 FC システムが考えられている。燃料電池の連続出力は30 kW とする。80 L のタンクは，LPG 車両の燃料タンクにほぼ似ている。アンモニア車両搭載分解器を備えた燃料電池車両の概念図を**図5.17**に示す。このシステムは，アンモニア燃料タンク，アンモニア蒸発器，熱交換器を備えた分解器，蒸発器および分解器のための電気ヒータ，アンモニア分離器などからなる。これらの機器には，燃料電池，モーター，および補助電池が組み合わされている。

システムの流れはつぎのとおりである。まず，0.846 MPa の圧力と20℃の温度の液体アンモニアが蒸発器で気化する。この技術はすでに LPG 燃料自動車として確立されている。つぎに，気化されたアンモニアガスは予熱器によっ

5. 自動車パワートレインのエクセルギー解析

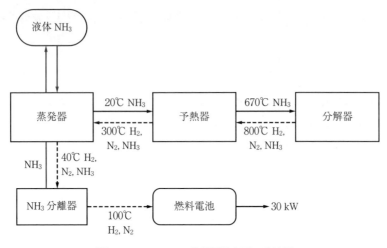

図 5.17 アンモニア燃料電池車両の系統図

て温められ，分解器に流入する前にガス圧力がチェックされる。ガスは分解器中の触媒によって熱的に分解する。水素と窒素の混合物は燃料電池に送られる。燃料電池の排水を利用して，アンモニア分離器内の混合物から残留アンモニアが除去される。アンモニア水は，アンモニアの高い蒸気圧を用いてアンモニアを気化させるアンモニア蒸発器に送られる。蒸発した残留アンモニアは小さなポンプで圧縮される。最後に，圧縮された残留アンモニアは，リリーフバルブを介して液体アンモニア燃料タンクに送り返される。このシステムは結果的に有害物を排出しない。

アンモニア燃料電池車両の熱回収の流れを図 5.18 に示す。熱伝達における熱効率は 75% と仮定する。液体アンモニアタンクの温度は 20℃ とする。大気からアンモニアの潜熱 118.69 kJ/kg を供給して，蒸発器で液体アンモニアを気化させる。蒸発器では，2.1 kW の熱量を 2.1×10^{-3} kg/s の流量で供給し，液体アンモニアに 1.88 kW を供給し，大気に 0.62 kW を放出する。分解器内の温度は，蒸発後に予熱器内で 20℃ から 670℃ に上昇する。分解器では 3.41 kW の熱が回収され，1.14 kW が大気に放出される。アンモニアガスは分解温度まで上昇し，実験から 800℃ と仮定する。温度を 670℃ から 800℃ まで上昇

5.5 アンモニア燃料自動車のエクセルギー解析

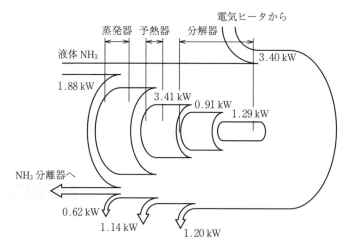

図 5.18 アンモニア燃料電池システムのエネルギーフロー

させるには 0.91 kW の熱が必要である。分解プロセスには 1.29 kW が必要である。分解後，分解したガスの混合物（水素，窒素，残留アンモニア）の温度は，3.41 kW の熱を回収することにより，予熱器内で 800℃ から 300℃ に低下する。予熱器から放出されたガスは，1.88 kW の潜熱を回収することによって蒸発器内で 300℃ から 40℃ に下げられる。分解装置の予熱装置の始動時にシステムは 9.39 kW の電力を必要とする。

5.5.3 アンモニア燃料 SI エンジンのエクセルギー解析[18]

アンモニアは，常温で圧縮すると容易に液化するため，自動車用燃料の一つとしても有望である。アンモニアを燃料とする内燃機関のエクセルギー解析を行う。システムの概念図を図 5.19 に示す。

アンモニアの最小着火エネルギーは大きく，層流燃焼速度も炭化水素燃料に比べて非常に小さいので，アンモニアは火花点火エンジンには燃料として使用しにくい。そこで，アンモニアの燃焼特性を改善するためにアンモニアを適切な触媒下で水素に分解し，分解アンモニアとアンモニアの混合燃料を考える。

分解器の反応に必要な熱として，エンジンからの排熱が分解器に供給され

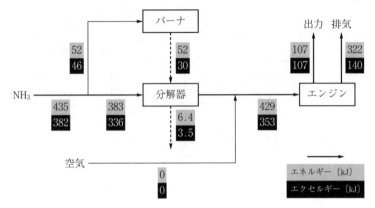

図 5.19 アンモニアエンジンシステムの系統図

る。廃熱回収は燃費を向上させることができる。供給されたエネルギーが分解に十分でない場合，アンモニアを燃料とするバーナから供給される。

アンモニアエンジンのエクセルギー解析の計算結果を**図 5.20**に示す。上の値は kJ 単位のエネルギーを示し，下の値は kJ 単位のエクセルギーを示す。

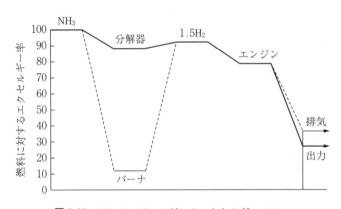

図 5.20 アンモニアエンジンのエクセルギーフロー

解析したエンジンは 4 サイクル火花点火方式で，ボアは 74 mm，ストロークは 81 mm，圧縮比は 9.0 である。エンジンは，当量比 0.8，点火時期 $-10°$ CA ATDC，燃焼期間 $20° $CA である条件のもとで稼働した。排気からのエクセルギー回収率は，図示圧力経過を用いた計算により約 46 % と推定された。

分解アンモニアを用いてエンジンの熱効率を計算した。圧縮および膨張過程はポリトロープであると仮定した。ポリトロープ指数は，圧縮過程および膨張過程に対してそれぞれ1.3と1.2である。

燃焼期間中の燃料の質量燃焼割合は，第4章の式 (4.47) に示したWiebe燃焼関数によって決定し，圧力経過を求めた。分解アンモニアは，25℃の空気と混合される。

純水素を燃料とする内燃機関はクリーンエネルギーシステムであるが，燃料電池としての自動車用の水素貯蔵と同じ問題を抱えている。アンモニア燃料エンジンは，水素をアンモニア燃料として貯蔵することによってこの問題を解決することができる。さらに，エンジン排気からの廃熱回収のために，より高い効率が期待される。アンモニア燃料エンジンは，システムの小型化が可能であれば，環境にやさしい車両の新しい電力システムとして有望である。

5.5.4 アンモニア燃料FCシステムのエクセルギー解析[18]

エンジンと同様に，アンモニアは水素に分解され，燃料電池に供給することができる。燃料電池の場合，熱はバーナのみから分解器に供給される。

アンモニア燃料FCシステムの概念図を図5.21に示す。アンモニア燃料FC

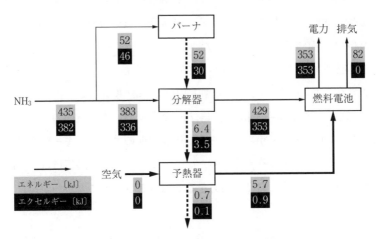

図5.21　アンモニアFCシステムの系統図

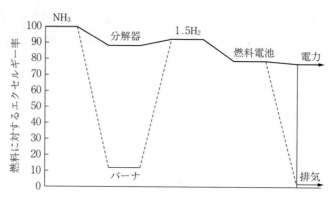

図 5.22 アンモニア燃料 FC システムのエクセルギーフロー

システムのエクセルギー解析の計算結果を**図 5.22** に示す．上の値は kJ 単位のエネルギーを示し，下の値は kJ 単位のエクセルギーを示す．

分解器で分解したアンモニアとの熱交換によって 353 K の燃料電池の操作温度まで加熱された空気は，空気極に供給される．予熱器が十分に断熱されていると仮定して，エクセルギーの変化を計算した．計算結果から，熱交換に必要とされる熱は十分に供給されることがわかった．エクセルギー効率は 0.284, エクセルギー損失は 8.79 kJ であった．

エンジンシステムと同じ分解器，および 353 K の温度のポリマー電極燃料電池（PEFC）がシステムに使用される．計算条件は，動作温度は 353 K，モータ効率は 0.9, 回路効率は 0.9 とした．

燃料電池のエクセルギー効率は 0.966 と計算され，エクセルギー損失は 2.35 kJ であった．計算にモータ効率と回路効率を考慮しても，エクセルギー効率は 0.783, エクセルギー損失は 45.7 kJ であった．燃料電池のエクセルギー効率はギブスエネルギーから求められ，燃料電池のエクセルギー効率は内燃機関のエクセルギー効率よりも高かった．燃料電池の過電圧の抵抗は，実際には燃料電池の高負荷領域における出力を急速に低下させることがわかった．

付録 A. 熱力学の重要事項

熱力学で使用するおもな記号

H	エンタルピー	m	質　　量	q	単位質量当りの熱量
U	内部エネルギー	u	速　　度	w	単位質量当りの仕事
S	エントロピー	g	重力加速度	R	ガ ス 定 数
P	圧　　力	z	高　　さ	c_p	定 圧 比 熱
V	体　　積	h	比エンタルピー	c_v	定 容 比 熱
T	温　　度	u	比内部エネルギー	γ	比　熱　比
Q	熱　　量	s	比エントロピー	r_c	圧　縮　比
W	仕　　事	v	比 体 積	r_{of}	締 切 り 比

付 A.1　熱力学第 1 法則

（1）　内部エネルギーとエンタルピー

$H = U + PV$

（2）　閉じた系に対応する熱力学第 1 法則

$$Q_{12} - W_{12} = U_2 - U_1 + \frac{1}{2} m (u_2^2 - u_1^2) + mg (z_2 - z_1),$$

$u_1 = u_2, \quad z_1 = z_2,$

$Q_{12} = U_2 - U_1 + W_{12}$

（3）　開いた系に対応する熱力学第 1 法則

$$Q_{12} - W_s = U_2 - U_1 + P_2 V_2 - P_1 V_1 + \frac{1}{2} m (u_2^2 - u_1^2) + mg (z_2 - z_1),$$

$$Q_{12} = H_2 - H_1 + \frac{1}{2} m (u_2^2 - u_1^2) + mg (z_2 - z_1) + W_s$$

（4）　理想気体の状態方程式

$PV = mRT$

（5）　内部エネルギー，エンタルピー，理想気体の比熱

$U = U(T), \quad H = H(T),$

$dU = mc_v dT, \quad dH = mc_p dT,$

140　　付録A.　熱力学の重要事項

$$U_2 - U_1 = mc_v \int_{T_1}^{T_2} dT = mc_v(T_2 - T_1),$$

$$H_2 - H_1 = mc_p \int_{T_1}^{T_2} dT = mc_p(T_2 - T_1)$$

［マイヤーの関係式］

$$c_p - c_v = R$$

［比熱比 γ の定義］

$$\gamma = \frac{c_p}{c_v},$$

$$c_p = \frac{\gamma}{\gamma - 1}R, \quad c_v = \frac{1}{\gamma - 1}R$$

付A.2　可逆変化過程

（1）等温変化

$$T_1 = T_2, \quad P_1 V_1 = P_2 V_2, \quad P_1 v_1 = P_2 v_2,$$

$$U_2 - U_1 = 0, \quad u_2 - u_1 = 0,$$

$$H_2 - H_1 = 0, \quad h_2 - h_1 = 0,$$

$$W_{12} = \int_{V_1}^{V_2} P dV = P_1 V_1 \int_{V_1}^{V_2} \frac{dV}{V} = P_1 V_1 \ln \frac{V_2}{V_1} = P_1 V_1 \ln \frac{P_1}{P_2},$$

$$Q_{12} = W_{12}$$

（2）定圧変化

$$P_1 = P_2, \quad \frac{V_1}{T_1} = \frac{V_2}{T_2}, \quad \frac{v_1}{T_1} = \frac{v_2}{T_2},$$

$$W_{12} = \int_{V_1}^{V_2} P dV = P_1(V_2 - V_1) = mR(T_2 - T_1),$$

$$Q_{12} = U_2 - U_1 + W_{12} = (U_2 + P_2 V_2) - (U_1 + P_1 V_1)$$
$$= H_2 - H_1 = mc_p(T_2 - T_1)$$

（3）定容変化

$$V_1 = V_2, \quad v_1 = v_2, \quad \frac{P_1}{T_1} = \frac{P_2}{T_2},$$

$$W_{12} = \int_{V_1}^{V_2} P dV = 0,$$

$$Q_{12} = U_2 - U_1 = mc_v(T_2 - T_1)$$

（4）可逆断熱変化（等エントロピー変化）

$$P_1 V_1^{\gamma} = P_2 V_2^{\gamma}, \quad \frac{T_2}{T_1} = \left(\frac{P_2}{P_1}\right)^{(\gamma-1)/\gamma} = \left(\frac{V_1}{V_2}\right)^{\gamma-1},$$

$Q_{12} = 0$,
$$W_{12} = \int_{V_1}^{V_2} P dV = P_1 V_1^\gamma \int_{V_1}^{V_2} \frac{dV}{V^\gamma} = \frac{P_1 V_1 - P_2 V_2}{\gamma - 1} = \frac{mR(T_1 - T_2)}{\gamma - 1},$$
または $W_{12} = -(U_2 - U_1) = U_1 - U_2 = mc_v(T_1 - T_2)$,
$w_{12} = u_1 - u_2 = c_v(T_1 - T_2)$

付 A.3　カルノーサイクル（Carnot cycle）

付図1にカルノーサイクル（カルノー熱機関）の $P\text{-}V$ 線図と $T\text{-}S$ 線図を示す。

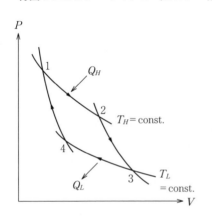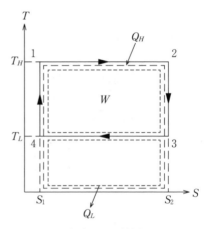

（a）　$P\text{-}V$ 線図　　　　　　　　　（b）　$T\text{-}S$ 線図

付図1　カルノーサイクルの $P\text{-}V$ 線図と $T\text{-}S$ 線図

［カルノーサイクルに供給される熱量］
$$Q_H = mRT_H \ln \frac{V_2}{V_1} = mRT_H \ln \frac{P_1}{P_2} > 0$$

［カルノーサイクルから排出される熱量］
$$Q_L = mRT_L \ln \frac{V_4}{V_3} = mRT_L \ln \frac{P_3}{P_4} < 0$$

［1サイクルの全仕事］
$$W = Q_H + Q_L = mR(T_H - T_L) \ln \frac{V_2}{V_1} = (P_1 V_1 - P_3 V_3) \ln \frac{V_2}{V_1}$$

［可逆熱機関（カルノー熱機関）の熱効率］
$$\eta = \frac{W}{Q_H} = \frac{Q_H + Q_L}{Q_H} = 1 + \frac{Q_L}{Q_H} = 1 - \frac{T_L}{T_H}$$

付図2に逆カルノーサイクル（カルノー冷凍機およびヒートポンプサイクル）のP-V線図とT-S線図を示す。このとき，仕事Wは系に供給されるので，以下に示すようにカルノー熱機関の場合と符号が逆になる。

$$成績係数（冷凍機）：\mathrm{COP}_{ref} = \frac{-Q_L}{W} = \frac{1}{T_H/T_L - 1}$$

$$成績係数（ヒートポンプ）：\mathrm{COP}_{HP} = \frac{Q_H}{W} = \frac{1}{1 - T_L/T_H}$$

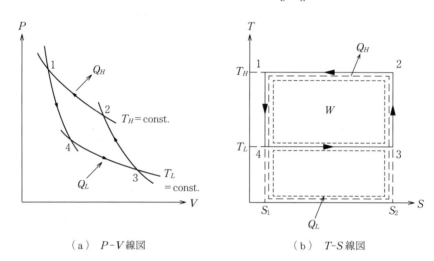

（a）P-V線図　　　　　　　（b）T-S線図

$Q_H < 0, \quad Q_L > 0, \quad W < 0$

付図2　カルノーサイクルの冷凍機およびヒートポンプのP-V線図とT-S線図

付A.4　エントロピー

付A.4.1　理想気体のエントロピー

エントロピーは，熱の移動量と絶対温度との比で，つぎのように表せる。

$$dS = \frac{dQ}{T} \ [\mathrm{J/K}]$$

単位質量当りのエントロピーは，つぎのとおりである。

$$ds = \frac{dq}{T} \ [\mathrm{J/(kg \cdot K)}],$$

$$\int_1^2 dS = \int_1^2 \frac{dQ}{T},$$

付録 A. 熱力学の重要事項

$$S_2 - S_1 = \int_1^2 \frac{dQ}{T} \; [\mathrm{J/K}]$$

可逆変化では，系が外界より受ける熱 dQ とエントロピーの増加 dS との関係は，つぎのように表せる．

$$dQ = TdS$$

上式はエントロピーの定義式であり，熱力学第2法則の式ということもある．この式からわかるように，系が熱を外部から受ける過程（$dQ>0$）では，系のエントロピーは増大（$dS>0$）する．また，可逆断熱変化（$dQ=0$）の場合は $dS=0$，すなわち，エントロピーは変化しないため，可逆断熱変化を等エントロピー変化ともいう．**付図3**に示すように，温度 T を縦軸に，エントロピー S を横軸にとった線図を **T-S 線図**（T-S diagram）という．この線図で，状態1から状態2まで可逆変化を行わせた場合に系が外界より受ける熱は

$$Q_{12} = \int_1^2 TdS$$

となり，曲線 1-2 と横軸の間の面積 c12d で表される．

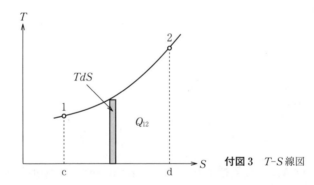

付図3 T-S 線図

P-V 線図においては面積が仕事として表示されると同様に，T-S 線図では熱量が表示されることになる．

熱力学第1法則を用いて，理想気体のエントロピー変化を求めるとつぎのようになる．

$$S_2 - S_1 = \int_1^2 \frac{dQ}{T} = \int_1^2 \frac{dU + PdV}{T}$$

上式は，内部エネルギーの変化 $dU = c_v dT$ および状態方程式 $PV = mRT$ を用いて，つぎのように表せる．

$$S_2 - S_1 = m\int_1^2 \left(c_v \frac{dT}{T} + R \frac{dV}{V} \right),$$

144　　付録A. 熱力学の重要事項

$$S_2 - S_1 = m\left(c_v\ln\frac{T_2}{T_1} + R\ln\frac{V_2}{V_1}\right) = m\left(c_p\ln\frac{T_2}{T_1} - R\ln\frac{P_2}{P_1}\right) = m\left(c_v\ln\frac{P_2}{P_1} + c_p\ln\frac{V_2}{V_1}\right)$$

付A.4.2　さまざまな過程におけるエントロピー変化

（1）等温変化

$T_1 = T_2,$

$s_2 - s_1 = R\ln\dfrac{v_2}{v_1} = R\ln\dfrac{P_1}{P_2},$

$q_{12} = T(s_2 - s_1)$

（2）等圧変化

$P_1 = P_2,$

$s_2 - s_1 = c_p\ln\dfrac{T_2}{T_1} = c_p\ln\dfrac{v_2}{v_1},$

$q_{12} = h_2 - h_1$

（3）定容変化

$V_1 = V_2,$

$s_2 - s_1 = c_v\ln\dfrac{T_2}{T_1} = c_v\ln\dfrac{P_2}{P_1},$

$q_{12} = u_2 - u_1$

（4）可逆断熱変化（等エントロピー変化）

$P_1 V_1^{\gamma} = P_2 V_2^{\gamma},$

$s_2 - s_1 = 0,$

$q_{12} = 0$

付A.5　空気標準サイクル（**air-standard cycle**）

付A.5.1　空気標準オットーサイクル

付図4に空気標準オットーサイクル（定容サイクル）のP-V線図とT-S線図を示す。この理想的な空気標準サイクルは，この種のエンジンの初期の開発者の名前にちなんで命名されたオットーサイクルと呼ばれている。つぎの6行程によって空気標準オットーサイクルの熱力学的解析を行う。

（6→1）：定圧吸気行程（吸気弁開・排気弁閉）

$P_1 = P_6 = P_0,$

$w_{61} = P_0(v_1 - v_6)$

（1→2）：等エントロピー圧縮行程（吸排気弁閉）

付録 A．熱力学の重要事項　145

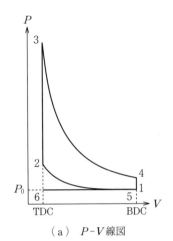

（a） P-V 線図

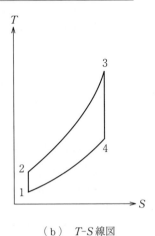

（b） T-S 線図

付図 4　オットーサイクル

$$T_2 = T_1 \left(\frac{v_1}{v_2}\right)^{\gamma-1} = T_1 \left(\frac{V_1}{V_2}\right)^{\gamma-1} = T_1 (r_c)^{\gamma-1},$$

$$P_2 = P_1 \left(\frac{v_1}{v_2}\right)^{\gamma} = P_1 \left(\frac{V_1}{V_2}\right)^{\gamma} = P_1 (r_c)^{\gamma},$$

$$q_{12} = 0,$$

$$w_{12} = \frac{P_2 v_2 - P_1 v_1}{1-\gamma} = \frac{R(T_2 - T_1)}{1-\gamma} = u_1 - u_2 = c_v(T_1 - T_2)$$

(2→3)：定容加熱（燃焼）行程（吸排気弁閉）

　$v_3 = v_2 = v_{\text{TDC}},$

　$w_{23} = 0,$

　$Q_{23} = Q_{\text{in}} = m_{\text{fuel}} Q_{\text{LHV}} = m_m c_v (T_3 - T_2) = (m_a + m_f) c_v (T_3 - T_2),$

　$Q_{\text{LHV}} = (\text{AF} + 1) c_v (T_3 - T_2),$

　$q_{23} = q_{\text{in}} = c_v (T_3 - T_2) = u_3 - u_2,$

　$T_3 = T_{\max},$

　$P_3 = P_{\max}$

(3→4)：等エントロピー出力（膨張）行程（吸排気弁閉）

　$q_{34} = 0,$

　$T_4 = T_3 \left(\frac{v_3}{v_4}\right)^{\gamma-1} = T_3 \left(\frac{V_3}{V_4}\right)^{\gamma-1} = T_3 \left(\frac{1}{r_c}\right)^{\gamma-1},$

146   付録A. 熱力学の重要事項

$$P_4 = P_3 \left(\frac{v_3}{v_4}\right)^{\gamma} = P_3 \left(\frac{V_3}{V_4}\right)^{\gamma} = P_3 \left(\frac{1}{r_c}\right)^{\gamma},$$

$$w_{34} = \frac{P_4 v_4 - P_3 v_3}{1-\gamma} = \frac{R(T_4 - T_3)}{1-\gamma} = u_3 - u_4 = c_v(T_3 - T_4)$$

$(4 \to 5)$：定容放熱行程（排気ブローダウン）（排気弁開・吸気弁閉）

$$v_5 = v_4 = v_1 = v_{\text{BDC}},$$

$$w_{45} = 0,$$

$$Q_{45} = Q_{\text{out}} = m_m c_v(T_5 - T_4) = m_m c_v(T_1 - T_4),$$

$$q_{45} = q_{\text{out}} = c_v(T_5 - T_4) = u_5 - u_4 = c_v(T_1 - T_4)$$

$(5 \to 6)$：定圧排気行程（排気弁開・吸気弁閉）

$$P_5 = P_6 = P_0,$$

$$w_{56} = P_0(v_6 - v_5) = P_0(v_6 - v_1)$$

オットーサイクルの熱力学第1法則効率は

$$\eta_1 = 1 - \frac{q_{\text{in}} - q_{\text{out}}}{q_{\text{in}}} = 1 - \frac{c_v(T_4 - T_1)}{c_v(T_3 - T_2)} = 1 - \frac{T_4 - T_1}{T_3 - T_2}$$

のようになる。

　等エントロピーの圧縮行程と膨張行程について理想気体の関係を適用し，$v_1 = v_4$ および $v_2 = v_3$ であることによって，つぎのようにさらに単純化することができる。

$$\frac{T_2}{T_1} = \left(\frac{v_1}{v_2}\right)^{\gamma-1} = \left(\frac{v_4}{v_3}\right)^{\gamma-1} = \frac{T_3}{T_4},$$

$$\frac{T_4}{T_1} = \frac{T_3}{T_2},$$

$$\eta_1 = 1 - \frac{T_1}{T_2} \frac{T_4/T_1 - 1}{T_3/T_2 - 1} = 1 - \frac{T_1}{T_2} = 1 - \frac{1}{(v_1/v_2)^{\gamma-1}}$$

ここで，圧縮比 $r_c = v_1/v_2$ を用いると，つぎのようになる。

$$\eta_1 = 1 - \frac{1}{r_c^{\gamma-1}}$$

付A.5.2　空気標準ディーゼルサイクル

付図5に空気標準ディーゼルサイクル（定圧サイクル）の P-V 線図と T-S 線図を示す。燃焼過程は定圧過熱として近似し，つぎの6行程によって空気標準ディーゼルサイクルの熱力学的解析を行う。

$(6 \to 1)$：定圧吸気行程（吸気弁開・排気弁閉）

$$w_{61} = P_0(v_1 - v_6)$$

$(1 \to 2)$：等エントロピー圧縮行程（吸排気弁閉）

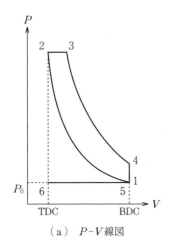
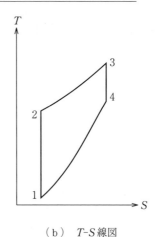

（a） P-V 線図　　　　　　　（b） T-S 線図

付図5 ディーゼルサイクル

$$T_2 = T_1\left(\frac{v_1}{v_2}\right)^{\gamma-1} = T_1\left(\frac{V_1}{V_2}\right)^{\gamma-1} = T_1(r_c)^{\gamma-1},$$

$$P_2 = P_1\left(\frac{v_1}{v_2}\right)^{\gamma} = P_1\left(\frac{V_1}{V_2}\right)^{\gamma} = P_1(r_c)^{\gamma},$$

$V_2 = V_{\text{TDC}}$,

$q_{12} = 0$,

$$w_{12} = \frac{P_2 v_2 - P_1 v_1}{1-\gamma} = \frac{R(T_2 - T_1)}{1-\gamma} = u_1 - u_2 = c_v(T_1 - T_2)$$

(2 → 3)：定圧加熱（燃焼）行程（吸排気弁閉）

$Q_{23} = Q_{\text{in}} = m_{\text{fuel}} Q_{\text{LHV}} = m_m c_p(T_3 - T_2) = (m_{\text{air}} + m_{\text{fuel}}) c_p(T_3 - T_2)$,

$Q_{\text{LHV}} = (\text{AF}+1) c_p(T_3 - T_2)$,

$q_{23} = q_{\text{in}} = c_p(T_3 - T_2) = h_3 - h_2$,

$w_{23} = q_{23} - (u_3 - u_2) = P_2(v_3 - v_2)$,

$T_3 = T_{\max}$

締切り比（cut-off ratio）は

$$r_{\text{off}} = \frac{V_3}{V_2} = \frac{v_3}{v_2} = \frac{T_3}{T_2}$$

のように燃焼期間の体積比として定義される。

(3 → 4)：等エントロピー出力（膨張）行程（吸排気弁閉）

$q_{34} = 0$,

148   付録A.　熱力学の重要事項

$$T_4 = T_3 \left(\frac{v_3}{v_4} \right)^{\gamma-1} = T_3 \left(\frac{V_3}{V_4} \right)^{\gamma-1},$$

$$P_4 = P_3 \left(\frac{v_3}{v_4} \right)^{\gamma} = P_3 \left(\frac{V_3}{V_4} \right)^{\gamma},$$

$$w_{34} = \frac{P_4 v_4 - P_3 v_3}{1-\gamma} = \frac{R(T_4-T_3)}{1-\gamma} = u_3 - u_4 = c_v(T_3-T_4)$$

（4 → 5）：定容放熱行程（排気ブローダウン）（排気弁開・吸気弁閉）

$$v_5 = v_4 = v_1 = v_{BDC},$$

$$w_{45} = 0,$$

$$Q_{45} = Q_{out} = m_m c_v (T_5 - T_4) = m_m c_v (T_1 - T_4),$$

$$q_{45} = q_{out} = c_v (T_5 - T_4) = u_5 - u_4 = c_v (T_1 - T_4)$$

（5 → 6）：定圧排気行程（排気弁開・吸気弁閉）

$$w_{56} = P_0 (v_6 - v_5) = P_0 (v_6 - v_1)$$

ディーゼルサイクルの熱力学第1法則効率は

$$\eta_1 = 1 - \frac{q_{in} - q_{out}}{q_{in}} = 1 - \frac{c_v(T_4-T_1)}{c_p(T_3-T_2)} = 1 - \frac{T_4-T_1}{\gamma(T_3-T_2)}$$

となり，圧縮比と締切り比を用いて

$$\eta_1 = 1 + \frac{1-r_{of}^{\gamma}}{r_c^{\gamma-1}\gamma(r_{of}-1)}$$

のようになる。

　同じ圧縮比の場合，オットーサイクルの熱効率はディーゼルサイクルの熱効率よりも大きい。TDCにおける定容燃焼は，定圧燃焼よりも効率的である。しかし，CIエンジン（$\gamma = 12 \sim 24$）はSIエンジン（$\gamma = 8 \sim 11$）よりもはるかに高い圧縮比で動作し，したがって，より高い熱効率になる。

付 A.6　定常熱伝導・熱伝達

　熱とは，ある系から他の系へ温度差によって移動するエネルギーの形態である。熱移動の3形態を**付図6**に示す。

　（1）　**付図6（a）の熱伝導**（thermal conduction）は物質の粒子間の相互作用の結果として，高いエネルギーを持つ粒子から低いエネルギーの粒子へのエネルギーの移動であり，つぎのようにフーリエ（Fourier）の熱伝導の法則

$$\dot{Q}_{cond} = \lambda A \frac{T_1-T_2}{L}$$

が成立する。

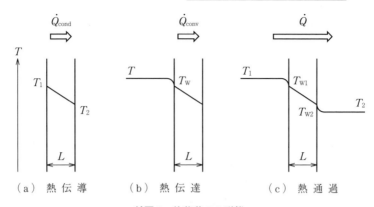

付図6 熱移動の3形態

ここで，λ：熱伝導率〔W/(m·K)〕，A：表面積〔m^2〕である。

(2) 付図6(b)の**熱伝達**（thermal convection）は，つぎの式に示すように動いている固体表面と隣接する液体または気体との間のエネルギー移動で，熱伝導と流動の複合効果を含む。

$$\dot{Q}_{conv} = \alpha A(T - T_w)$$

ここで，α：熱伝達係数〔W/(m^2·K)〕，A：表面積〔m^2〕，w：壁面である。

(3) 付図6(c)に示すように，熱伝導と熱伝達が同時に起こるとき，熱通過率（全熱抵抗）K は

$$\dot{Q} = \alpha_1 A(T_1 - T_{w1}) = \lambda A \frac{T_{w1} - T_{w2}}{L} = \alpha_2 A(T_{w2} - T_2),$$

$$\dot{Q} = \frac{T_1 - T_2}{(1/\alpha_1 + L/\lambda + 1/\alpha_2)(1/A)},$$

$$\frac{1}{K} = \frac{1}{\alpha_1} + \frac{L}{\lambda} + \frac{1}{\alpha_2},$$

$$\dot{Q} = KA(T_1 - T_2)$$

のようになる。

ここで，K：熱通過率〔W/(m^2·K)〕である。

付A.7 化合物 $C_\alpha H_\beta O_\gamma N_\delta$ の標準生成エクセルギーの求め方[19]

C，H，OおよびNからなる化合物 $C_\alpha H_\beta O_\gamma N_\delta$ の標準生成エクセルギー $E°(C_\alpha H_\beta O_\gamma N_\delta)$ は，化合物の標準生成ギブスエネルギー $\Delta G°(C_\alpha H_\beta O_\gamma N_\delta)$ と，構成元素の標準生成エクセルギー $E°_C$，$E°_{H_2}$，$E°_{O_2}$ および $E°_{N_2}$ より

150   付録 A. 熱力学の重要事項

$$E^\circ (C_\alpha H_\beta O_\gamma N_\delta) = \alpha E^\circ_C + \frac{\beta}{2} E^\circ_{H_2} + \frac{\gamma}{2} E^\circ_{O_2} + \frac{\delta}{2} E^\circ_{N_2} + \Delta G^\circ (C_\alpha H_\beta O_\gamma N_\delta)$$

で求められる。

ここで，各元素の標準生成エクセルギーは JIS Z 9204[6] より，付録 B. の付表 3 に示してある。ただし，炭素 C(s) の標準生成エクセルギー E°_C は付表 3 には見当たらないので，つぎの反応

$$C(s) + O_2(g) \longrightarrow CO_2(g) \quad (s：固体，g：気体)$$

を利用して求める。

標準反応エクセルギーは，付表 3 のデータを用いて

$$\Delta E^\circ_{298} = E^\circ_{CO_2} - E^\circ_C - E^\circ_{O_2} = 20.14 - E^\circ_C - 3.94$$

となり，標準反応ギブスエネルギーは，付表 2 のデータを用いて

$$\Delta G^\circ_{298} = -394.38 \, \text{kJ/mol}$$

のようになる。

式 (2.57) より $\Delta E^\circ_{298} = \Delta G^\circ_{298}$ であるから，求める炭素の標準生成エクセルギーはつぎのようになる。

$$E^\circ_C = 20.14 - 3.94 - (-394.38) = 410.58 \, \text{kJ/mol}$$

一例として，メタノール $CH_3OH(l)$ の標準生成エクセルギーを求める（l：液体）と

$$E^\circ_{CH_3OH} = E^\circ_C + 2E^\circ_{H_2} + \frac{1}{2} E^\circ_{O_2} + \Delta G^\circ_{CH_3OH}$$

となり，付表 1 および付表 3 のデータを用いて

$$E^\circ_{CH_3OH} = 410.58 + 2 \times 235.38 + \frac{1}{2} \times 3.94 + (-166.29) = 717.02 \, \text{kJ/mol}$$

となる。

付表 3 からメタノールの標準生成エクセルギーを求めると，717.20 kJ/mol となっており，この計算が正しいことがわかる。

付録 B.　各種物性値表

付表 1　主要燃料の標準生成エンタルピーと標準生成ギブスエネルギー

物質名	化学式	分子量 〔kg/kmol〕	標準生成 エンタル ピー ΔH_f 〔kJ/mol〕	標準生成 ギブスエ ネルギー ΔG_f 〔kJ/mol〕	絶対エント ロピー $S°$ 〔J/(mol·K)〕	高発熱量 Q_{HHV} 〔MJ/kg〕	低発熱量 Q_{LHV} 〔MJ/kg〕
炭　　　素	C(s)	12.01	0	0	5.74	32.77	32.77
水　　　素	H_2(g)	2.02	0	0	130.57	141.78	119.95
窒　　　素	N_2(g)	28.01	0	0	191.50	—	—
酸　　　素	O_2(g)	32.00	0	0	205.03	—	—
一酸化炭素	CO(g)	28.01	-110.53	-137.15	197.54	—	—
二酸化炭素	CO_2(g)	44.01	-393.52	-394.38	213.69	—	—
水　蒸　気	H_2O(g)	18.02	-241.82	-228.59	188.72	—	—
水	H_2O(l)	18.02	-285.83	-237.18	69.95	—	—
アンモニア	NH_3(g)	17.03	-46.19	-16.59	192.33	—	—
メ　タ　ン	CH_4(g)	16.04	-74.85	-50.79	186.16	55.51	50.02
エ　タ　ン	C_2H_6(g)	30.07	-84.68	-32.89	229.49	51.87	47.48
プ ロ パ ン	C_3H_8(g)	44.09	-103.85	-23.49	269.91	50.35	46.36
ブ　タ　ン	C_4H_{10}(g)	58.12	-126.15	-15.71	310.03	49.50	45.72
ベ ン ゼ ン	C_6H_6(g)	78.11	82.93	129.66	269.20	42.27	40.58
オ ク タ ン	C_8H_{18}(g)	114.22	-208.45	17.32	463.67	48.26	44.79
オ ク タ ン	C_8H_{18}(l)	114.22	-249.91	6.61	360.79	47.90	44.43
メタノール	CH_3OH(g)	32.04	-200.89	-162.14	239.70	23.85	21.11
メタノール	CH_3OH(l)	32.04	-238.81	-166.29	126.80	22.67	19.92
エタノール	C_2H_5OH(g)	46.07	-235.31	-168.57	282.59	30.59	27.72
エタノール	C_2H_5OH(l)	46.07	-277.69	174.89	160.70	29.67	26.80
ディーゼル 燃　　料*	$C_{14.4}H_{24.9}$(l)	198.06	-174.00	178.52	525.90	45.60	43.30

〔備考〕　（　）内は，s：固体，l：液体，g：気体を示す。

上記のデータは JANAF Thermochemical Tables, NSRDS-NBS-37（1971）をもと にしている。

＊：ディーゼル燃料のデータは C. Borgnakke and R. E. Sonntag：Fundamentals of Thermodynamics, 7th Ed., John Wiley & Sons, Inc.（2009）を参照した。

152 付録 B. 各種物性値表

付表 2 主要燃料の標準反応エンタルピーと標準反応ギブスエネルギー

化 学 反 応 式	ΔH_{298}° 〔kJ/mol〕	ΔG_{298}° 〔kJ/mol〕	$\dfrac{\Delta G_{298}^{\circ}}{\Delta H_{298}^{\circ}}$
$C + O_2 \rightarrow CO_2$	-393.52	-394.38	1.002
$H_2 + 0.5O_2 \rightarrow H_2O$	-241.82	-228.59	0.945
$NH_3 + 0.75O_2 \rightarrow 0.5N_2 + 1.5H_2O$	-316.54	-326.30	1.031
$CH_4 + 2O_2 \rightarrow CO_2 + 2H_2O$	-802.31	-800.77	0.998
$C_2H_6 + 3.5O_2 \rightarrow 2CO_2 + 3H_2O$	$-1\,427.82$	$-1\,441.64$	1.010
$C_3H_8(g) + 5O_2 \rightarrow 3CO_2 + 4H_2O$	$-2\,043.99$	$-2\,074.01$	1.015
$C_4H_{10}(g) + 6.5O_2 \rightarrow 4CO_2 + 5H_2O$	$-2\,657.03$	$-2\,704.76$	1.018
$C_6H_6(g) + 7.5O_2 \rightarrow 6CO_2 + 3H_2O$	$-3\,169.51$	$-3\,181.71$	1.004
$C_8H_{18}(l) + 12.5O_2 \rightarrow 8CO_2 + 9H_2O$	$-5\,074.63$	$-5\,218.96$	1.028
$CH_3OH(l) + 1.5O_2 \rightarrow CO_2 + 2H_2O$	-638.35	-685.27	1.074
$C_2H_5OH(l) + 3O_2 \rightarrow 2CO_2 + 3H_2O$	$-1\,234.81$	$-1\,649.42$	1.336
$C_{14.4}H_{24.9}(l) + 20.625O_2 \rightarrow 14.4CO_2 + 12.45H_2O$	$-8\,503.35$	$-8\,346.50$	0.982

〔備考〕 生成物中の H_2O は気体とする。

付表 3 主要化合物の標準生成エクセルギー
(a) 無 機 化 合 物

化 合 物	相	E° 〔kJ/mol〕	化 合 物	相	E° 〔kJ/mol〕
Al_2O_3	s	0	HI	g	145.45
$AlCl_3$	s	229.98	H_2SO_4	l	155.92
$AlPO_4$	s	60.88	H_3PO_4	l	113.80
BaO	s	263.31	HgO	s	75.19
$Ba(NO_3)_2$	s	0.00	$HgBr_2$	s	0
$BaCl_2$	s	20.68	Hg_2Cl_2	s	99.65
$BaSO_4$	s	32.57	Hg_2SO_4	s	248.32
$BaCO_3$	s	19.93	KCl	s	2.01
CaO	s	110.41	KBr	s	40.78
$Ca(OH)_2$	s	53.05	KI	s	90.23
$CaCl_2$	s	11.26	KIO_3	s	0
$CaSO_4.2H_2O$	s	0	K_2CO_3	s	124.60
$CaCO_3$	s	0	KCN	s	687.31
$Ca_{10}P_6O_{24}F_2$	s	0	KNO_3	s	0
$Ca_3(PO_4)_2$	s	0	LiF	s	95.96
$CaOSiO_2$	s	21.35	$LiCl$	s	11.39

付録B. 各種物性値表　　*153*

付表3（続き）（a）無機化合物

化 合 物	相	$E°$〔kJ/mol〕	化 合 物	相	$E°$〔kJ/mol〕
$CaOAl_2O_3$	s	88.09	$LiCl·H_2O$	s	0.00
$CaOFe_2O_3$	s	43.84	$LiOH$	s	47.65
CO	g	275.53	Li_2CO_3	s	32.36
CO_2	g	20.14	MgO	s	50.83
CuO	s	16.12	$MgCl_2$	s	73.44
Cu_2O	s	143.69	$MgCO_3.CaCO_3$	s	0
$Cu_4(OH)_6Cl_2$	s	0	$MgBr_2$	s	183.67
CuS	s	693.50	$Mg(NO_3)_2$	s	41.28
$CuSO_4.H_2O$	s	73.52	$MgCO_3.CaCO_3$	s	22.61
$CuCl$	s	47.44	$MgSiO_3$	s	14.78
Fe_2O_3	s	0	$Mg(OH)_2$	s	23.66
$Fe(OH)_3$	s	30.31	$MgSO_4$	s	58.24
$FeCO_3$	s	117.98	MnO_2	s	0
$FeBr_2$	s	222.11	Mn_2O_3	s	47.27
Fe_2SiO_4	s	218.05	Mn_3O_4	s	108.44
$FeAl_2O_4$	s	103.25	$Mn(OH)_2$	s	85.41
H_2	g	235.38	$MnCO_3$	s	61.84
H_2O	g	8.58	$MnSiO_3$	s	79.38
HF	g	152.53	N_2	g	0.67
HCl	g	45.85	NO	g	88.97
HBr	g	98.60	NO_2	g	55.64
NH_3	g	336.91	$PbBr_2$	s	146.12
$NaNO_3$	s	0.00	$PbClOH$	s	0
$NaOH$	s	100.69	$Pb(OH)_2$	s	124.22
$NaCl$	s	0	$PbSO_4$	s	134.81
$NaBr$	s	45.89	$PbCO_3$	s	128.28
Na_2SO_4	s	62.89	SO_2	g	306.72
Na_2CO_3	s	90.02	SO_3	g	238.48
$NaHCO_3$	s	44.72	H_2S	g	805.00
Na_2SiO_3	s	153.57	SiO_2	s	0
NiO	s	33.75	$SiCl_4$	l	326.95
$NiCl_2$	s	31.36	SnO_2	s	0
$NiCl·6H_2O$	s	0	SnO	s	260.96
$Ni(OH)_2$	s	35.38	ZnO	s	21.10
$NiSO_4$	s	94.37	$Zn(OH)_2$	s	21.48
O_2	g	3.94	$ZnCl_2$	s	14.99
PbO	s	150.39	$Zn(NO_3)_2·6H_2O$	s	0
PbO_2	s	123.93	$ZnSO_4$	s	77.92
$PbCl_2$	s	70.13			

〔備考〕　相は，s：固体，*l*：液体，g：気体を示す。
　　　　JIS Z 9204「有効エネルギー評価方法通則」（1991）より単位をSIに換算。

154   付録B. 各種物性値表

付表3（続き）（b）有機化合物

化　合　物	相	$E°$ 〔kJ/mol〕	化　合　物	相	$E°$ 〔kJ/mol〕
CH_4	g	830.70	$HCOOCH_3$	g	998.93
C_2H_6	g	1 494.77	$CH_3COOC_2H_5$	l	2 255.76
C_3H_8	g	2 150.42	$(CH_3)_2O$	g	1 416.73
C_4H_{10}	g	2 802.94	$(C_2H_5)_2O$	l	2 699.06
C_5H_{12}	g	3 457.92	$HCHO$	g	538.17
C_5H_{12}	l	3 456.83	CH_3CHO	g	1 160.96
C_6H_{14}	g	4 112.23	$(CH_3)_2CO$	l	1 785.04
C_6H_{14}	l	4 108.13	CH_3Cl	g	724.44
C_7H_{16}	g	4 766.63	CH_2Cl_2	l	622.70
C_7H_{16}	l	4 759.64	$CHCl_3$	l	527.08
C_2H_4	g	1 360.54	CCl_4	l	442.08
C_3H_6	g	2 001.29	CH_3Br	g	770.08
$CH_2=CHC_2H_5$	g	2 656.06	CH_3I	g	805.16
C_2H_2	g	1 266.34	CF_4	g	754.67
$CH_3≡CH$	g	1 897.75	C_6H_5F	l	3 286.64
C_5H_{10}	l	3 267.29	C_6H_5Cl	l	3 166.14
cyclo・pentane			C_6H_5Br	l	3 213.75
C_6H_{12}	l	3 903.77	C_6H_5I	l	3 250.38
cyclo・hexane			CH_3NH_2	g	1 031.88
C_6H_6	l	3 295.39	CH_3CN	l	1 273.96
$CH_3C_6H_5$	l	3 930.99	$CO(NH_2)_2$	s	686.93
CH_3OH	l	717.20	$C_6H_5NO_2$	l	3 203.91
C_2H_5OH	l	1 355.48	$C_6H_5NH_2$	l	3 438.20
C_3H_7OH	l	2 005.10	$C_6H_{12}O_6$	s	2 968.90
C_4H_9OH	l	2 660.88	$α$-Dglucose		
$C_5H_{11}OH$	l	3 306.90	$C_{12}H_{22}O_{11}$	s	5 972.51
C_6H_5OH	s	3 122.52	$β$-lactose		
$HCOOH$	l	288.43	$C_{12}H_{22}O_{11}$	s	5 994.87
CH_3COOH	l	904.18	sucrose		
C_3H_7COOH	l	2 210.76	C_5H_5N	l	2 824.29
$C_{15}H_{31}COOH$	s	10 026.59	C_9H_7N	l	4 786.35
C_6H_5COOH	s	3 340.31			

〔備考〕　相は，s：固体，l：液体，g：気体を示す。
　　　　　JIS Z 9204「有効エネルギー評価方法通則」（1991）より単位を SI に換算。

引用・参考文献

【第4章】

1） J. Heywood：Internal Combustion Engine Fundamentals, McGraw-Hill Education（1988）

2） L. Eriksson：Requirements for and a Systematic Method for Identifying Heat-Release Model Parameters, SAE Technical Paper 980626（1998）

3） C.R. Ferguson, and A.T. Kirkpatrick：Internal Combustion Engines：Applied Thermosciences, Wiley（2004）

4） L. Eriksson, and I. Andersson：An Analytic Model for Cylinder Pressure in a Four Stroke SI Engine, SAE Technical paper, 2002-01-0371（2002）

5） J. Nieminen, N. D'Souza, and I. Dincer：Comparative Combustion Characteristics of Gasoline and Hydrogen Fuelled ICEs, International Journal of Hydrogen Energy, **35**[†], pp.5114〜5123（2010）

6） JIS Z 9204, 有効エネルギー評価方法通則（1991）

【第5章】

7） J.A. Caton：Operating Characteristics of a Spark-Ignition Engine Using the Second Law of Thermodynamics：Effects of Speed and Load, SAE Technical Paper 2000-01-0952（2000）

8） A. Sobiesiak, and S. Zhang：The First and Second Law Analysis of Spark Ignition Engine Fuelled with Compressed Natural Gas, SAE Technical Paper 2003-01-3091（2003）

9） J. Nieminen, and I. Dincer：Comparative exergy analyses of gasoline and hydrogen fuelled ICEs, International Journal of Hydrogen Energy, **35**, pp.5124〜5132（2010）

10） H. Ozcan：Hydrogen enrichment effects on the second law analysis of a lean burn natural gas engine, International Journal of Hydrogen Energy, **35**, pp.1443

---

† 論文誌の巻番号は太字，号番号は細字で表記する。

156   引 用 ・ 参 考 文 献

~1452 (2010)

11) W.L.R. Gallo, and L.F. Milanez : Exergetic Analysis of Ethanol and Gasoline Fueled Engines, SAE Technical Paper 920809 (1992)

12) R.J. Primus, and P.F. Flynn : The Assessment of Losses in Diesel Engines Using Second Law Analysis, ASME WA-Meeting, Anaheim CA, Proceedings of the AES, pp.61~68 (1986)

13) Y. Azoumah, J. Blin, and T. Daho : Exergy Efficiency Applied for the Performance Optimization of a Direct Injection Compression Ignition (CI) Engine Using Biofuels, Renewable Energy, 34, pp.1494~1500 (2009)

14) 雑賀　高：自動車のエクセルギー解析，自動車技術，**64**, 4, pp.10~15 (2010)

15) A. Midillia, and I. Dincerb : Development of Some Exergetic Parameters for PEM Fuel Cells for Measuring Environmental Impact and Sustainability, International Journal of Hydrogen Energy, **34**, pp.3858~3872 (2009)

16) T. Saika, M. Nakamura, T. Nohara, and S. Ishimatsu : Study of Hydrogen Supply System with Ammonia Fuel, JSME International Journal, Series B, **49**, 1, pp.78~83 (2006)

17) T. Saika, T. Nohara, Y. Aoki, H. Mitsui, Y. Saito, and M. Iwami : Hydrogen Generation System with Cracking Ammonia, International Journal of Energy for a Clean Environment, **10**, (1-4), pp.1~13 (2009)

18) T. Saika, and S. Ishimatsu : Exergy Analysis of Ammonia Fuelled Fuel-Cell Systems, International Conference on New and Renewable Energy Technologies for Sustainable Development, Evora, Portugal (2004)

【付録 A.】

19) 小島和夫：エネルギー有効利用の原理，培風館 (2004)

索　引

【あ】

圧縮機　107
圧縮着火機関　79
圧縮天然ガス　120
圧縮天然ガスエンジン　120
アネルギー　25
アンモニア燃料 FC システム　137
アンモニア燃料 SI エンジン　135
アンモニア燃料自動車　132
アンモニア燃料電池システム　133

【え】

エアコンディショナ　70
エクセルギー　1, 2
　——の移動　40
エクセルギー収支　52
エタノールエンジン　124
エネルギー収支　35, 52
エンジンサイクル　84
エントロピー　4, 142
　——の移動　40
エントロピー収支　35, 52
エントロピー生成　6, 12

【お】

オットーサイクル　81
オープンサイクル　80

【か】

外界仕事　37
化学エクセルギー　117

可逆仕事　5
過給システム　105
ガスタービン　66
カルノーサイクル　141

【き】

ギブスエネルギー　43
逆カルノーサイクル　142

【く】

空気標準エンジンサイクル　79
空気標準オットーサイクル　144
空気標準サイクル　79
空気標準ディーゼルサイクル　146
クローズドサイクル　80

【け】

系　1

【し】

指圧線図　97
締切り比　97, 147
蒸気タービン　62
正味平均有効圧力　119

【す】

水素火花点火エンジン　121
スーパーチャージャ　105

【せ】

生成物　45
成績係数　72

全開スロットル　80
潜　熱　30

【た】

タービン　108
ターボチャージャ　105
断熱効率　6

【て】

定圧サイクル　94
定常熱伝導・熱伝達　148
ディーゼルエンジン　125
定容サイクル　87
デッドな状態　1

【ね】

熱交換器　112
熱交換効率　112
熱伝達　40, 117, 149
熱伝導　148
熱力学第 1 法則　22, 35, 52
熱力学第 1 法則効率　6, 23
熱力学第 2 法則　22, 35, 52
熱力学第 2 法則効率　23
熱力学的エクセルギー　116
熱力学的平衡　115
燃焼開始　101
燃焼質量割合　101
燃焼終了　101
燃料電池　76
燃料電池自動車　128
燃料噴射時期　126

【は】

バイオ燃料ディーゼルエンジン	127
バルブオーバラップ	84
反応物	45

【ひ】

ヒートポンプ	70
ヒートポンプサイクル	71
火花点火エンジン	119

火花点火エンジンサイクル	97
火花点火機関	79
標準生成エクセルギー	149
標準反応エンタルピー	48
標準反応ギブスエネルギー	45, 48

【ふ】

不可逆性	5

【ほ】

ボイラ	58

【ら】

ラジエータ	111
ランキンサイクル	63

【れ】

冷凍機	70
冷凍サイクル	71

【B】

BDC	81
BMEP	119

【C】

CI エンジン	79
CNG	120
COP	72

【D】

dead state	1

【E】

EOC	101
EVO	98

【I】

IVC	98

【M】

MBT	124

【S】

SI エンジン	79
SOC	101

【T】

TDC	81
$T\text{-}S$ 線図	143

【W】

Wiebe の燃焼関数	101
WOT	80, 124

―― 著者略歴 ――

- 1978 年 東京都立大学工学部機械工学科卒業
- 1981 年 東京都立大学大学院工学研究科修士課程修了（機械工学専攻）
- 1981 年 工学院大学助手
- 1990 年 工学博士（東京大学）
- 1990 年 工学院大学講師
- 1996 年 工学院大学助教授
- 2001 年 工学院大学教授
       現在に至る
- 2006 年 技術士（機械部門）

自動車のエクセルギー解析 ―エネルギーの有効活用をはかる―
Exergy Analysis of Automobiles ― To Promote Effective Use of Energy ―

Ⓒ Takashi Saika 2018

2018 年 4 月 27 日 初版第 1 刷発行 ★

検印省略	著　者	雑賀　　高（さいか　たかし）
	発行者	株式会社　コロナ社 代表者　牛来真也
	印刷所	新日本印刷株式会社
	製本所	有限会社　愛千製本所

112-0011 東京都文京区千石 4-46-10
発行所　株式会社　コロナ社
CORONA PUBLISHING CO., LTD.
Tokyo Japan
振替 00140-8-14844・電話 (03) 3941-3131 (代)
ホームページ　http://www.coronasha.co.jp

ISBN 978-4-339-04655-7　C3053　Printed in Japan　　　　　（齋藤）

JCOPY ＜出版者著作権管理機構　委託出版物＞
本書の無断複製は著作権法上での例外を除き禁じられています。複製される場合は，そのつど事前に，出版者著作権管理機構（電話 03-3513-6969，FAX 03-3513-6979，e-mail: info@jcopy.or.jp）の許諾を得てください。

本書のコピー，スキャン，デジタル化等の無断複製・転載は著作権法上での例外を除き禁じられています。購入者以外の第三者による本書の電子データ化及び電子書籍化は，いかなる場合も認めていません。
落丁・乱丁はお取替えいたします。

技術英語・学術論文書き方関連書籍

Wordによる論文・技術文書・レポート作成術
－Word 2013/2010/2007 対応－
神谷幸宏 著
A5／138頁／本体1,800円／並製

技術レポート作成と発表の基礎技法
野中謙一郎・渡邉力夫・島野健仁郎・京相雅樹・白木尚人 共著
A5／160頁／本体2,000円／並製

マスターしておきたい 技術英語の基本
－決定版－
Richard Cowell・佘　錦華 共著
A5／220頁／本体2,500円／並製

科学英語の書き方とプレゼンテーション
日本機械学会 編／石田幸男 編著
A5／184頁／本体2,200円／並製

続 科学英語の書き方とプレゼンテーション
－スライド・スピーチ・メールの実際－
日本機械学会 編／石田幸男 編著
A5／176頁／本体2,200円／並製

いざ国際舞台へ！
理工系英語論文と口頭発表の実際
富山真知子・富山　健 共著
A5／176頁／本体2,200円／並製

知的な科学・技術文章の書き方
－実験リポート作成から学術論文構築まで－
中島利勝・塚本真也 共著
A5／244頁／本体1,900円／並製　　日本工学教育協会賞（著作賞）受賞

知的な科学・技術文章の徹底演習
塚本真也 著　　工学教育賞（日本工学教育協会）受賞
A5／206頁／本体1,800円／並製

科学技術英語論文の徹底添削
－ライティングレベルに対応した添削指導－
絹川麻理・塚本真也 共著
A5／200頁／本体2,400円／並製

定価は本体価格+税です。
定価は変更されることがありますのでご了承下さい。

図書目録進呈◆

シミュレーション辞典

日本シミュレーション学会 編
A5判／452頁／本体9,000円／上製・箱入り

◆**編集委員長**　大石進一（早稲田大学）

◆**分野主査**　山崎　憲（日本大学），寒川　光（芝浦工業大学），萩原一郎（東京工業大学），
矢部邦明（東京電力株式会社），小野　治（明治大学），古田一雄（東京大学），
小山田耕二（京都大学），佐藤拓朗（早稲田大学）

◆**分野幹事**　奥田洋司（東京大学），宮本良之（産業技術総合研究所），
小俣　透（東京工業大学），勝野　徹（富士電機株式会社），
岡田英史（慶應義塾大学），和泉　潔（東京大学），岡本孝司（東京大学）

(編集委員会発足当時)

シミュレーションの内容を共通基礎，電気・電子，機械，環境・エネルギー，生命・医療・福祉，人間・社会，可視化，通信ネットワークの8つに区分し，シミュレーションの学理と技術に関する広範囲の内容について，1ページを1項目として約380項目をまとめた。

Ⅰ　**共通基礎**（数学基礎／数値解析／物理基礎／計測・制御／計算機システム）
Ⅱ　**電気・電子**（音　響／材　料／ナノテクノロジー／電磁界解析／VLSI設計）
Ⅲ　**機　械**（材料力学・機械材料・材料加工／流体力学・熱工学／機械力学・計測制御・生産システム／機素潤滑・ロボティクス・メカトロニクス／計算力学・設計工学・感性工学・最適化／宇宙工学・交通物流）
Ⅳ　**環境・エネルギー**（地域・地球環境／防　災／エネルギー／都市計画）
Ⅴ　**生命・医療・福祉**（生命システム／生命情報／生体材料／医　療／福祉機械）
Ⅵ　**人間・社会**（認知・行動／社会システム／経済・金融／経営・生産／リスク・信頼性／学習・教育／共　通）
Ⅶ　**可視化**（情報可視化／ビジュアルデータマイニング／ボリューム可視化／バーチャルリアリティ／シミュレーションベース可視化／シミュレーション検証のための可視化）
Ⅷ　**通信ネットワーク**（ネットワーク／無線ネットワーク／通信方式）

本書の特徴

1. シミュレータのブラックボックス化に対処できるように，何をどのような原理でシミュレートしているかがわかることを目指している。そのために，数学と物理の基礎にまで立ち返って解説している。

2. 各中項目は，その項目の基礎的事項をまとめており，1ページという簡潔さでその項目の標準的な内容を提供している。

3. 各分野の導入解説として「分野・部門の手引き」を供し，ハンドブックとしての使用にも耐えうること，すなわち，その導入解説に記される項目をピックアップして読むことで，その分野の体系的な知識が身につくように配慮している。

4. 広範なシミュレーション分野を総合的に俯瞰することに注力している。広範な分野を総合的に俯瞰することによって，予想もしなかった分野へ読者を招待することも意図している。

定価は本体価格+税です。
定価は変更されることがありますのでご了承下さい。

図書目録進呈◆

機械系教科書シリーズ

（各巻A5判，欠番は品切です）

■編集委員長　木本恭司
■幹　　　事　平井三友
■編集委員　青木　繁・阪部俊也・丸茂榮佑

配本順				頁	本体
1．（12回）	機 械 工 学 概 論	木本 恭司	編著	236	2800円
2．（1回）	機 械 系 の 電 気 工 学	深野 あづさ	著	188	2400円
3．（20回）	機 械 工 作 法（増補）	平井三友・和田任弘・塚本晃久・本田智義・三宅壽一・田中　春・奈良治晃・黒田孝一・山口誠奎・朝比健正	共著	208	2500円
4．（3回）	機 械 設 計 法	塚本康子・松本宏行・荒井克彦・浜村宗徳・古浜恵一	共著	264	3400円
5．（4回）	シ ス テ ム 工 学		共著	216	2700円
6．（5回）	材 　 料 　 学	久保井徳洋・樫原恵藏	共著	218	2600円
7．（6回）	問題解決のための C プ ロ グ ラ ミ ン グ	佐藤次男・中村理一郎	共著	218	2600円
8．（7回）	計 　 測 　 工 　 学	前田良昭・木村一郎・押田至啓	共著	220	2700円
9．（8回）	機 械 系 の 工 業 英 語	牧野州秀・高橋晴雄・阪部俊也	共著	210	2500円
10．（10回）	機 械 系 の 電 子 回 路	丸本榮一・本多佑三・阪部俊也	共著	184	2300円
11．（9回）	工 業 熱 力 学	丸茂榮佑・木本恭司	共著	254	3000円
12．（11回）	数 値 計 算 法	藪忠司・伊藤悼	共著	170	2200円
13．（13回）	熱エネルギー・環境保全の工学	井田民男・木本恭司・山﨑友紀・坂本雄樹・坂東弘	共著	240	2900円
15．（15回）	流 体 の 力 学	田口光雅・本田睦紀	共著	208	2500円
16．（16回）	精 密 加 工 学	明石剛二・吉村康弘・米山猛靖	共著	200	2400円
17．（30回）	工 業 力 学（改訂版）		共著	240	2800円
18．（18回）	機 械 力 学	青木 繁	著	190	2400円
19．（29回）	材 料 力 学（改訂版）	中島 正貴	著	216	2700円
20．（21回）	熱 機 関 工 学	越智敏明・老固智光・吉本隆一	共著	206	2600円
21．（22回）	自 　 動 　 制 　 御	阪部俊也・飯田賢一	共著	176	2300円
22．（23回）	ロ ボ ッ ト 工 学	早川恭弘・櫟弘明・矢野順彦・重森洋一	共著	208	2600円
23．（24回）	機 　 構 　 学	大高敏男	共著	202	2600円
24．（25回）	流 体 機 械 工 学	小池 勝	共著	172	2300円
25．（26回）	伝 　 熱 　 工 　 学	丸茂榮佑・牧野匡永・矢尾州秀	共著	232	3000円
26．（27回）	材 料 強 度 学	境田彰芳	編著	200	2600円
27．（28回）	生 　 産 　 工 　 学 —ものづくりマネジメント工学—	本位田光重・皆川健多郎	共著	176	2300円
28．	Ｃ Ａ Ｄ ／ Ｃ Ａ Ｍ	望月達也	著		

定価は本体価格+税です。
定価は変更されることがありますのでご了承下さい。

図書目録進呈◆

機械系 大学講義シリーズ

（各巻A5判，欠番は品切です）

■編集委員長　藤井澄二
■編集委員　臼井英治・大路清嗣・大橋秀雄・岡村弘之
　　　　　　黒崎晏夫・下郷太郎・田島清瀬・得丸英勝

配本順		著者	頁	本体
1.（21回）	材　料　力　学	西谷弘信著	190	2300円
3.（3回）	弾　　性　　学	阿部・関根共著	174	2300円
5.（27回）	材　料　強　度	大路・中井共著	222	2800円
6.（6回）	機　械　材　料　学	須藤　一著	198	2500円
9.（17回）	コンピュータ機械工学	矢川・金山共著	170	2000円
10.（5回）	機　械　力　学	三輪・坂田共著	210	2300円
11.（24回）	振　　動　　学	下郷・田島共著	204	2500円
12.（26回）	改訂 機　構　学	安田仁彦著	244	2800円
13.（18回）	流体力学の基礎（1）	中林・伊藤・鬼頭共著	186	2200円
14.（19回）	流体力学の基礎（2）	中林・伊藤・鬼頭共著	196	2300円
15.（16回）	流　体　機　械　の　基　礎	井上・鎌田共著	232	2500円
17.（13回）	工　業　熱　力　学（1）	伊藤・山下共著	240	2700円
18.（20回）	工　業　熱　力　学（2）	伊藤猛宏著	302	3300円
19.（7回）	燃　　焼　　工　　学	大竹・藤原共著	226	2700円
20.（28回）	伝　熱　工　学	黒崎・佐藤共著	218	3000円
21.（14回）	蒸　気　原　動　機	谷口・工藤共著	228	2700円
22.	原子力エネルギー工学	有冨・齊藤共著		
23.（23回）	改訂 内　燃　機　関	廣安・寶諸・大山共著	240	3000円
24.（11回）	溶　融　加　工　学	大・中・荒木共著	268	3000円
25.（25回）	工作機械工学（改訂版）	伊東・森脇共著	254	2800円
27.（4回）	機　械　加　工　学	中島・鳴瀧共著	242	2800円
28.（12回）	生　産　工　学	岩田・中沢共著	210	2500円
29.（10回）	制　御　工　学	須田信英著	268	2800円
30.	計　測　工　学	山本・宮城・臼田 高辻・榊原共著		
31.（22回）	シ　ス　テ　ム　工　学	足立・酒井 高橋・飯國共著	224	2700円

定価は本体価格＋税です。
定価は変更されることがありますのでご了承下さい。

図書目録進呈◆

機械系コアテキストシリーズ

（各巻A5判）

■編集委員長　金子 成彦
■編集委員　大森 浩充・鹿園 直毅・渋谷 陽二・新野 秀憲・村上　存（五十音順）

	配本順				頁	本体
		材料と構造分野				
A-1	（第1回）	材　料　力　学	渋谷 陽二／中谷 彰宏 共著		348	**3900円**
		運動と振動分野				
B-1		機　械　力　学	吉村 卓也／松村 雄一 共著			
B-2		振　動　波　動　学	金子 成彦／姫野 武洋 共著			
		エネルギーと流れ分野				
C-1		熱　　力　　学	片吉 憲／岡田 司 共著		180	**2300円**
C-2		流　体　力　学	鈴木 康方／関谷 直國／彭島 義均／松田 浩平／沖 浩 共著		近刊	
C-3		エネルギー変換工学	鹿園 直毅 著			
		情報と計測・制御分野				
D-1		メカトロニクスのための計測システム	中澤 和夫 著			
D-2		ダイナミカルシステムのモデリングと制御	高橋 正樹 著			
		設計と生産・管理分野				
E-1		機 械 加 工 学 基 礎	松原 隆之／笹村 弘 共著		近刊	
E-2		機 械 設 計 工 学	村上 存／草加 浩平／柳澤 秀吉 共著			

定価は本体価格+税です。
定価は変更されることがありますのでご了承下さい。

図書目録進呈◆